经典 名著

让阅读更有意义

过冬的森林

［苏］ 比安基◎著

周丽霞◎编译

汕头大学出版社

图书在版编目（CIP）数据

　　过冬的森林／（苏）比安基著；周丽霞编译. -- 汕
头：汕头大学出版社，2018．3（2022.1重印）

　　ISBN 978-7-5658-3404-2

　　Ⅰ．①过… Ⅱ．①比… ②周… Ⅲ．①森林-青少年
读物 Ⅳ．①S7-49

　　中国版本图书馆 CIP 数据核字（2018）第 007137 号

过冬的森林　　　　　　　　　　GUODONG DE SENLIN

作　　者：（苏）比安基
编　　译：周丽霞
责任编辑：宋倩倩
责任技编：黄东生
封面设计：三石工作室
出版发行：汕头大学出版社
　　　　　广东省汕头市大学路 243 号汕头大学校园内　　邮政编码：515063
电　　话：0754-82904613
印　　刷：三河市天润建兴印务有限公司
开　　本：690mm×960mm 1/16
印　　张：12
字　　数：173 千字
版　　次：2018 年 3 月第 1 版
印　　次：2022 年 1 月第 2 次印刷
定　　价：59.80 元
ISBN 978-7-5658-3404-2

导　读

维·比安基（1894—1959）是前苏联著名儿童文学作家，曾经在圣彼得堡大学学习，1915年应征到军校学习，后被派到皇村预备炮队服役。

二月革命后被战士选进地方杜马与工农兵苏维埃皇村执行委员会，苏维埃政权建立后，在比斯克城建立阿尔泰地质博物馆，并在中学教书。

维·比安基从小热爱大自然，喜欢各种各样的动物，特别是在他父亲——俄国著名的自然科学家的熏陶下，早年投身到大自然的怀抱当中。

27岁时，维·比安基记下一大堆日记，积累了丰富的创作素材。此时，他产生了强烈的创作愿望。1923年成为彼得堡学龄前教育师范学院儿童作家组成员，开始在杂志《麻雀》上发表作品，从此一发而不可收。

仅仅是1924年，他就创作发表了《森林小屋》、《谁的鼻子好》、《在海洋大道上》、《第一次狩猎》、《这是谁的脚》、《用什么歌唱》等多部作品集。

从1924年发表第一部儿童童话集，到1959年作家因脑出血逝世的35年的创作生涯中，维·比安基一共发表300多部童话、中篇、短篇小说集。主要有《林中侦探》、《山雀的日历》、《木尔索克历险记》、《雪地侦探》、《少年哥伦布》、《背后一枪》、《蚂蚁的奇遇》、《小窝》、《雪地上的命令》以及动画片剧本《第一次狩猎》等。

1894 年，维·比安基出生在一个养着许多飞禽走兽的家庭里，他从小喜欢到科学院动物博物馆去看标本。跟随父亲上山去打猎，跟家人到郊外、乡村或海边去住。在那里，父亲教会他怎样根据飞行的模样识别鸟儿，根据脚印识别野兽……更重要的是教会他怎样观察、积累和记录大自然的全部印象。

比安基 27 岁时已记下一大堆日记，他决心要用艺术的语言，让那些奇妙、美丽、珍奇的小动物永远活在他的书里。只有熟悉大自然的人，才会热爱大自然。著名儿童科普作家和儿童文学家维·比安基正是抱着这种美好的愿望为大家创作了一系列的作品。

12 月，天寒地冻。12 月的地面铺上了冰板路，12 月的大地被银冰封住。12 月是一年的结束，也是冬季的开端。大地和森林都裹上了厚厚的雪衣。太阳藏到了乌云的后面。白天越来越短，黑夜逐渐变长了。

白天下了一天的雪，到晚上雪过天晴时，这书页重新变得洁白。第二天早晨，你会发现，这张白纸上印满了各式各样神秘的符号，条条、点点。这说明夜间有各式各样的森林居民曾经光顾过，它们或奔走，或跳跃地干着自己的事情。

那么，是哪些森林居民来过呢？它们又干了些什么事？

作者采用报刊的形式，以春夏秋冬 12 个月为序，向我们真实生动地描绘出发生在森林里的爱恨情仇、喜怒哀乐。

阅读这本书，你会发现所有的动植物都是有感情的，爱憎分明，它们共同生活在一起，静谧中充满了杀机，追逐中包含着温情。

　　每只小动物都是食物链上的一环，无时无刻不在为生存而逃避和猎杀，正是在这永不停息的逃避和猎杀中，森林的秩序才得到真正有效的维护，生态的平衡才得以维持。

　　然而如果我们仅仅把自己当做俯视一切的自然秩序之上者，那么阅读中一定会失去很多感动与震撼的心灵体验，甚至被书中的小动物们骂成"无情的两足无毛冷血动物"。

目 录

森 林 报

No. 10

12 月 21 日——1 月 20 日

初现雪径月
（冬季第一月）

太阳进入摩羯宫

栏 目

一年 12 个月的阳光组诗　　　　　　国外新闻

冬天是本书　　　　　　　　追猎

森林记事　　　　　　　　各方呼叫

农庄生活　　　　　　打靶场：第十场竞赛

都市新闻　　　　　通告："神眼"称号竞赛

一年12个月的阳光组诗

12月，天寒地冻。 12月的地面铺上了冰板路，12月的大地被银冰封住。 12月是一年的结束，也是冬季的开端。

水已经做完了它的事：往日汹涌澎湃的大江大河都被它封上了一层冰。 大地和森林都裹上了厚厚的雪衣。 太阳藏到了乌云的后面。 白天越来越短，黑夜逐渐变长了。

有许多植物枯死了，被埋葬在积雪下面。 一年生的植物按期长成，开花，结果，然后枯败，重新化为它们所依靠生长的泥土。 与这些植物一样，成千上万不知冰为何物的夏虫，也随之化为灰烬。

但是，植物留下了种子，动物产了卵。 到了一定的日子，太阳就像童话《白雪公主》里的那个漂亮王子一样，用自己的热吻来唤醒它们的生命。 它们便从泥土里重新创造出生物体。 这些多年生的动物和植物竟有能力度过北方那漫长的严冬，直至来年春天。 现在冬季的威风还没完全使出来，太阳的诞辰——12月23日，却马上就要到来了！

太阳回到了人间，生命将沐浴阳光复苏。

当然，眼下，无论怎样，需要先把冬季熬过去。

冬天是本书

白雪覆盖大地，一片银装素裹。田野和林中空地，像一本摊开的大书的书页：平平的，没有一丝皱褶；干干净净的，没有一个字。无论是人还是动物，只要从这本书的页面走过，都会留下自己的印迹，仿佛写下了如下的字句："某某到过此地。"

白天下了整整一天的雪，到晚上雪过天晴，这书页又重新变得洁白无暇。当第二天晨曦微绽，你会发现，这张白纸上印满了各式各样的神秘符号，条条、点点。这说明夜间有各式各样的森林居民曾经光顾过，它们或奔走，或跳跃，干着各自热衷的事。

那么，是哪些森林居民来过呢？它们又干了些什么事？

得赶紧分辨这些难懂的符号，读懂这些神秘的字句。否则，如果再有一场雪降临，那么就会像人把这本书翻到了下一页，眼前又会是一张干净、平展的白纸。

不同的读法

在这本奇妙的冬书上，每位森林中的居民都会热情地，不失时机地慷慨地奉上自己的大作。它们各有各的笔迹，各有各的符号。

人类往往试图用眼睛来破解这些符号。 但是你想除了眼睛之外，还有什么读法呢？ 动物们会用鼻子来读。

比如狗，我们都知道，它的嗅觉格外灵敏，能分辨出人无法分辨的味道和气息。

对！ 狗就是用鼻子来嗅这本冬季大书里的每一个"字母"。 读过以后，狗就会读到"这里有狼来过"，或者"刚才一只兔子打这儿跑过"等等这样一些信息。

嗅觉灵敏的动物这种用鼻子读书的方法既迅速，又准确，万无一失。

不同的写法

在通常情况下，动物们是用爪子来完成书写的。 有的用5个脚趾头写，有的用4个脚趾头写，而有的则用蹄子来写。当然，它们当中也不乏也用尾巴，用鼻子，甚至用肚子来书写的。

鸟类的书写方式就显得相对多样化了，它们可以用脚和尾巴写字，或者用它们的翅膀写字。

不同的字辨认方法不同

我们的通讯员早已跟大自然学会了一项特殊的本领——通过阅读这本森林大书里的种种字迹，来了解发生在森林里的各种奇闻轶事。 老实说，他们能掌握这门学问可真是不容易，因为并不是林中所有的居民都规规矩矩地书写的，有的天性顽皮，签字时喜欢耍耍花招，似乎是在跟同类或者人类开一个小小的玩笑。 而当这种情形发生，字迹的辨认就徒增了许多难度。

所有的字迹中，要属灰鼠的字迹最容易辨认，也最容易被记住。 它们习惯以跳跃方式在雪地上行走，就像小孩子们喜欢玩的跳背游戏。 它跳的时候，短短的前脚有力地支着地面，与此同时，长长的后脚向前伸出老远，而且最大幅度地叉开。 整体看来，前脚爪印比较小，像两个并排的小句号；后脚爪印拖得很长，像是孩子的小手指在雪地上划出来的两道痕迹似的。

比较而言，灰鼠的同类田鼠爪印与之却有着些许差别。它们的字迹显得比较细微，但是也很简单，容易被人辨认。当它从雪底下爬出来的时候，往往是先兜个不大不小的圈子，然后再朝它想要去的地方一路跑去，或者在兜完圈子后又改变主意，重新回到自己的洞穴里。 这样，雪地上就留下了一连串的冒号，一个冒号连着一个冒号，而且距离相等，规格统一，简直就是印刷机的杰作。

鸟类的笔迹也很容易辨认。比如喜鹊，它的前脚趾在雪地上留下小小的十字，后面的第四个脚趾，则留下一个短短的破折号。在这个十字印迹的两边，还会有双翅边缘的羽毛所留下的划痕，就像有人用手指扫过的一样。而有些地方，它兴味大发，难免用那羽尖参差不齐的长尾巴，在雪上信笔涂鸦一番。

上述跟您介绍的这些字迹还算是老老实实的，没有耍什么花招。

我们不费吹吹之力就可以看出：松鼠曾经从这棵树上下来过，并在雪地上跳了一阵子，然后又爬到原来的某棵树上去了；一只老鼠曾经从雪底下钻出来过，它跑了一阵儿，兜了几个圈子，又钻回雪底下去了；喜鹊曾经光临过这片雪地，它在坚硬的雪壳上跳了一会儿，留下它欢快的舞步，尾巴在积雪上随意地扑打几下，抖抖翅膀，然后就飞走了。

可是，你可否想着再试图辨认一下狐狸或者狼的字迹？你要是没看习惯它们的杰作，准保会被它们搞得糊里糊涂。

小狗与狐狸, 大狗与狼

其实，狐狸的脚印和小狗的脚印差别不大。区别仅在于：狐狸是紧紧地把爪子抱成一团，留下的足迹略微沉重；而小狗的爪子总是张开的，所留下的足迹也相对松散些，显得美观、轻巧。

那么，狼的脚印呢？ 它就像大狗的脚印。 它俩之间的
区别仅仅在于：狼的脚掌两边往里缩拢，因
此狼脚印比大狗脚印要显得修长；由于狼的
个头相对较大，狼爪与爪子上的肉垫在雪地
上也陷得也会更深一些，继而狼脚掌印的前
爪印和后爪印之间的距离，比大狗脚掌印的
要长一些。 还有一点就是，狼的前爪留在
雪地上的印迹往往是并合在一起的，大狗仅
仅是脚趾上的小肉疙瘩留下的印迹有并合之
处，这一点与狼不同（如右图的三种脚印：
狐狸脚印、狗脚印和狼脚印，请照图比较
一下）。

上面我们所讲的仅仅是一些最基本的东
西。 其实一行行的狼脚印，很难辨认，因
为狼这种动物最喜欢耍花招，它们经常是把自己的脚印搞
乱，意图很明显：叫你们永远也看不出是我狼大哥所为。 狡
猾的狐狸更是如此，它们与狼相比，在这点上是有过之而无
不及。

狼的花招

当你在雪地里发现这样的足迹时，你可千万要注意：狼一

步步往前走，或者小跑的时候，它的右后脚总是整整齐齐地踩在左前脚的脚印里，左后脚总是整整齐齐地踩在右前脚的脚印里。因此，仿佛形成了一条直线，像是一条绳，又像是一把尺。这不得不让人惊叹，这何止是一种足迹，简直就是一件写意作品。

你看了这样一行脚印，可能会坚定地认为：肯定有一条健壮的狼从这里跑过去了。

但我不得不告诉你，这个错误是判断的。真相应该是这样读才对："有5只狼从这里走过去了。"走在头里的是一只聪明的母狼，后面跟着一只老公狼，再后面是3只小狼。

它们走的时候，后面一只狼的脚，总是踩在前面那只狼的脚印上，而且非常地整齐、准确，让你看了绝对想不到居然是5只狼从这儿走过。遇到这种情形，你可千万要擦亮眼睛啊！因为只有这样，才能真正成为雪地上的好猎手。猎人们给这种雪地上的足迹起了一个很雅致的名字叫"银砌兽径"。

森林如何过冬

树木会不会因严寒而被冻死？当然会。

如果一棵树整个都被冻透，连树心儿都冻成了冰，那它就可以宣告被冻死了。尤其是在我国那种寒冷无比的严冬季节，会有很多很多的树木被冻死，其中遭此厄运的绝大多数是年幼的小树。它们通常只有一二年的树龄。

幸亏树木都有防寒妙策，它们的确是有妥善的办法使寒气不深入到自己身体内部去，不然的话，所有的树木都得被冻死，我们也不会看到那么多粗壮无比的参天大树了。大自然就是这样神奇，她孕育着万物生机，让它们经受各种风雨的洗礼，同时也告诉它们应对危机的办法。正如，这世界上每件事情发生后，必定同时产生一种最合理的解决办法，而只是你没有想到。

不断地吸收阳光雨露、历经岁月的磨砺长成枝繁叶茂的参天大树、直到最后的结籽落地，繁衍生息，周而复始。所有这些，大树都要付出巨大的精力，同时还会大量耗损自己体内的温度。如果树木在一个夏天里，能够积蓄起充足的能量，那么到了冬天，就不需要再吸收营养，也就不再生长发育，不再把能量消耗在繁殖后代上了。它们开始变得收敛，彻底地进入冬眠状态。

因为叶子会把积蓄在体内的温度大量地排出去，因此，冬天里树木不需要树叶！树木抛掉树叶，摒弃树叶，就是为了把维持生命所不可缺少的热量，保藏在自己身体里面。同时，落在地上的叶子会逐渐腐烂，腐烂过程中所产生的热量又会保护树木柔弱的根部，让它们免受严寒之苦。正可谓：落叶不是无情物，化作春泥为护树。

单凭这点还不算什么，每一棵树木都有一副特有的"甲胄"，保护植物活的"皮肉"不受寒气的侵袭。每年夏天，树木都会在自己树干的表皮内不断地积蓄疏松的软木层，即所谓"不活跃的中间层"。软木层就像真空隔离设备，既不透水，也不透空气。空气在它的气孔中停滞不前，无法进入树木体内，可见，中间层的主要作用是：阻挡树木机体中的热量向外散发。树龄越大，皮下的软木层就越厚。这就是那些粗壮的老树比那些枝干细嫩的小树更加耐寒的缘故。

树木不仅有软木"甲胄"，如果严寒竟然能把这层甲胄也穿过的话，那么在树身内部还会有一种更加可靠的保护剂——化学保护剂来抵御严寒。早在冬季来临之前，树木就在其汁液里积蓄起各种盐类和最终能转变为糖的淀粉，这些含有盐分和糖的溶液具有极强的抗寒能力。这是树林能够抵御严寒的另一个重要原因。

不过，抵御严寒最好的工具还是柔软的雪被。大家都知道，细心的园丁们总是故意把怕冷的小果树弯到地上，并认真地用雪把它们埋起来，这样它们就暖和多了。在多雪的冬季，松软的雪被盖住了森林，那时，不管天气怎样的寒冷，树木也不害怕了。

是的，无论严寒有多么冷酷多么无情，也冻不死我们北方的森林！

我们的"森林王子"，经过亿万年的进化和历练，能面对各种各样风霜雨雪的考验，它们永远都以胜利者的姿态巍然屹立于地球。

雪底下的草场

周围一片洁白，到处是单调的色彩，积雪又是那么深。通常面对此情此景，很容易引起你的忧思。 你可能认为什么也没有了，花儿早已凋谢，草儿也早已干枯。 人们多数时候就是这么想的，而且还自己安慰自己：这是大自然的规律，人类是无能为力的。

关于大自然，其实我们知道和了解的还是十分有限！

今天是一个晴朗而温暖的日子，我自然不会放过这个享受大自然的绝佳机会：蹬上滑雪板，然后不费吹灰之力地滑到我的小牧场上，再在短时间内清除小试验场上的积雪。

等积雪被完全清除，煦暖的阳光照亮了满场的花草。 每当这个时候，我总能在第一时间发现，在这严寒的1月的草场上，仍然有它独特的植被，散发着冬季里特有的魅力：有紧贴在冻土上的、仍然呈现出盈盈绿意的一簇簇小叶子；有破不及待地冲破干燥的土层刚刚露出尖角的绿芽；也有被积雪压倒在地下的各种各样小小的绿色草茎。

我在这些植物当中认真地寻找起来，不得不说，总会有些意外地发现。 我的一棵毛茛，是的，我发现它了。 这不能不说是令人欣喜的一件事。 就在冬天到来之前，它以繁花似锦的姿态呈现，一直到现在，毛茛的花朵和花蕾都能完好地保存在雪下，默默地等候着生机勃勃的春季到来，在风雪的袭击下，它甚至连小小的花瓣都没有散落！

你可知道我这小试验场上有多少种植物吗？一共有 62 种呢！其中有 36 种直到现在还呈现着绿色，有 5 种上面还存留着花朵！

你还能说正月里我们草场上没有花，也没有草吗？

◉尼·巴布罗娃

森林记事

发生在这里的几件林中大事，是我们的森林通讯员在森林里"雪径"上有幸遇到的几件奇闻轶事。

自作自受的小狐狸

一只小狐狸偶然间在一块林中空地上发现了田鼠留下的细小足迹。

"哈哈！"它心想，"就要有东西吃啦！"

它并没有认真地用鼻子"读一读"这到底是个什么东西，只是用眼睛瞧了几眼，就武断地作出结论：噢，脚印子通到那儿去了，一直通到那个灌木丛下。

"哦！"小狐狸明白了，"原来你就躲在树丛下面啊！"

于是，小狐狸悄悄地朝树丛逼近。

它看见雪地里有个小东西在缓缓蠕动，一身灰不溜秋的毛皮，一根短短的尾巴。它迅速地扑过去，一把抓住小东西，上去就是一口。

呸！呸！呸！什么臭玩意儿，恶心死我啦！感觉味道不对，它连忙吐出小兽，飞快地跑开了。"赶紧吃一口雪吧，哪怕用雪漱漱口也好，这个味儿，实在太难闻了！"小狐狸想。

就这样，小狐狸不但早饭没吃成，还白白地咬死了一只小兽。

原来，这个小东西既不是田鼠，也不是普通老鼠，是鼩鼱（qú jīng）。

鼩鼱只是从远处看上去有点像田鼠，只要走近一看，一下子就能分辨出来：鼩鼱的嘴比田鼠伸得要长，而且脊背是弯的。它是食虫兽，跟田鼠、刺猬是近族。任何一个稍有常识的动物都绝对不会去碰它的，因为它有一股非常难闻且非常刺鼻的气味，就像麝香一样。

小狐狸由于缺乏森林读书的经验，对此几乎一无所知，所以才吃了大亏。

獾的脚印

有一次，森林通讯员在几棵树的下面意外地发现了这样的足迹：爪印长长的，看了简直叫人害怕。脚印本身倒不大，跟狐狸脚印差不多，可是爪印又长又直，像钉子似的。这样的爪，足以划开任何动物的肚子，再把里面的肠子拽出来，甩到一旁。那种情形简直想都不敢去想。

通讯员为了一探究竟，凭借丰富的经验，小心翼翼地顺着脚印走下去，在脚印消失的地方，他们找到一个很大的洞穴。

洞穴外面，能清楚地看见这种动物的毛横七竖八地散落在雪地上。 森林通讯员通过仔细研究发现，细毛是直的，显得硬挺而有弹性；其中的毛有的颜色是白的，尖儿却是黑的。 用这种动物的毛制作中国毛笔大概再合适不过了。

种种迹象让森林通讯员立刻明白：住在洞里的动物无疑就是獾。

獾是个阴沉的家伙，但是并不那么凶恶。 看来它是想趁这暖和的化雪天，走出洞来溜达一阵子，以便好好地享受一下阳光的照耀。

雪原下面

初冬时节，雪下得还不是很多，这时候，无论是生活在田野里的，还是生活在森林里的野兽，对它们来说都是一年中最难熬的时光。 光秃秃的田野被冻得越来越深，即使动物们躲在洞里，也同样会觉得寒冷难耐。 连鼹（yǎn）鼠都要受罪了，冻土硬得简直就像石头，它那当铁锹用的脚爪，挖起土来显得费劲极了。 那么，老鼠、田鼠、黄鼬（yòu）、银貂的命运又会好到哪儿去呢？

好不容易到了大雪纷飞的那天，天公极力作美，慷慨地向大地抛洒她那银白色的美丽的雪花。就这样，下呀，下呀，下呀的，一直没有停歇的意思。地面上的积雪变得越来越厚，而且连续几天几夜下起来的雪，厚厚地堆积起来，在整个冬天里即使阳光再温暖也不会融化。大地变成了银白色的世界，就如同干燥的雪海。此时，要是人站在这茫茫雪海里，雪至少要没到成人的膝盖。而对那些外形弱小身体单薄的鸟类来讲，诸如松鸡、琴鸡乃至大雷鸟等等，这雪原简直就是灭顶之灾了。老鼠、田鼠、駒鼱等，所有不冬眠的穴居小野兽，都从自己隐密的地下住宅里钻了出来，在雪海底下跑来跑去。

　　鼬鼠是一种以鸟类为食的小型食肉动物，它们不知疲倦地在雪地上钻来钻去，活像一只极小的极小的海豹。有时候，它们警觉地把小脑袋钻出雪面，以极快的速度向四周环顾一番，看看有没有松鸡等鸟类露出头来，以便捕食。它们就这样，有时候会神不知鬼不觉地在雪下径直钻到猎物跟前。

　　其实，就连小动物们也都知道这个道理：雪原底下比雪层表面更暖和一些，因为严冬的寒气难以抵达这里。这厚厚的一层雪，挡住了严寒，不让寒冷接近地面。聪明的田鼠绝不会放弃老天提供的这冬天里唯一的温暖，都各自忙碌着在雪原下面的土地上掘洞，为自己建造适合冬天的居所。它们是那么地卖力而不知疲倦，似乎这冬季里唯一的别墅真的能帮它们驱散严寒似的。

还有一件感人的事要告诉诸位：有一对短尾巴的田鼠，它们初尝为父母的喜悦，正在齐心协力地用细草和毛精心地为它们的幼崽做巢。

瞧它们的样子，多么恩爱啊！ 谁能说动物不具有人类的情感？ 小巢终于建好了，就筑在被雪埋住的一丛灌木的枝条上，巢里还微微冒着热气。 就在这个筑在积雪深处的温暖的巢里，有几只小田鼠才刚刚出生，身上光溜溜的连一根毛都没有，甚至它们的小眼睛都还没睁开呢。 可此时，外面的温度冷得实在可怕，那可是零下 20 摄氏度的温度哩！ 我们不得不感叹于田鼠父母的呵护和爱。

发生雪爆,鹿脱险境

还有一次，森林通讯员在雪地上发现了一些奇怪的动物们的足迹，就好像记载着一个谜一般的故事：这些足迹的背后究竟发生过什么事情呢？ 森林通讯员琢磨了好长时间，还是没有猜透。

开头是又小又窄的兽蹄印，步子走得安安稳稳。 森林通讯员对此不难解读：是一只鹿在缓步前行，似乎并没有感到某种威胁正在悄悄地逼近它。 突然，这些蹄印的旁边，出现了许多大脚爪印，于是鹿的足迹也就变成奔跑跳跃式的了。

实际情形是这样的：鹿发现有一只狼趁其不备，突然从树丛中钻出来向它袭击，瞬间向它身上横扑过来。很显然，这只狼已在此潜伏好久了。鹿飞快地从狼身旁逃走。

再往前去，狼脚印离鹿脚印越来越近，眼看就要追上了。就在一追一逃的过程中，它们发现有一棵倒在地上的大树挡住了前进的路线。而就是此地，两只动物的足迹已经完全混合在一起。

由此可以推断，就在千钧一发之际，鹿一下子蹿过了大树干，狼紧跟在它后面也蹿了过去。那么，倒在地上的大树的另一面，又是一番什么情景呢？

通讯员们又发现，在这粗大树干的另一边，有一个很深很大的坑，坑里的积雪，被两只动物搅得乱七八糟，抛得四周全是雪，活像这雪底下，有个大炸弹爆炸了似的。

接下来让我们再看看，狼的足迹与鹿的足迹就背道而驰了。更让通讯员们感到奇怪的是，这些足迹当中不知从哪儿也不知何时出现了一种很大的脚印，挺像人光着脚时留下的脚印，只是前面歪歪斜斜地长着一些可怕的利爪。

雪里埋着的究竟是一颗什么样的炸弹？这个新发现的足迹又是什么动物留下来的？狼和鹿为什么在此停止追杀而分道扬镳？这里究竟发生过什么事？我们的通讯员们曾经为这些问题绞尽了脑汁。后来，他们好不容易才搞明白，这些带脚爪的大脚印是谁的，这样一来，一切也就水落石出了。

当时的情形是这样的：鹿轻而易举地跳过了这个倒在地上

的大树干，又继续飞快地往前跑。 狼跟在它后面也跳了起来，不过它没能跳过去，由于身子太沉了，扑通一声，狼从树干上滑下来，四脚朝天地掉进了树干下面的一个雪坑里。 原来树干底下有个熊洞。

熊正在里面舒舒服服地冬眠，突如其来的一切把它吓了一大跳，它一个纵身跳了起来。 于是，冰呀，雪呀，树枝呀，都带动得满天飞舞，就像一颗炸弹爆炸了一样。 熊也来不及多想到底是发生了什么事，本能地以为危险到来。 它飞也似地朝树林里逃去了，它还以为是猎人来侵袭它，哪有时间顾得多想呢，更别说冷静地判断了。

当狼头朝下掉进这个熊洞的时候，它才发现这是个熊洞，并且里面正住着这个庞然大物。 狼也受惊不小，自身安危才是大事，还是逃命要紧。 此时狼也就根本不去想再去追逐逃跑的那只鹿了，慌乱中也只顾着自己逃命。 那么，那只鹿呢，很幸运地逃过了这一劫难，这时早就跑得无影无踪了。

在自然界动物的追逐中，在"物竞天择，适者生存"的环境下，发生这样的事，毕竟还是偶然。 让我们试想一下：假如在狼与鹿的追逐中，它们没有遇到一棵倒在地上的大树，其结果将会如何？ 假如遇到了树后，树下的洞里没有居住着可怕的熊，狼会被吓跑而放弃鹿吗？ 一切都是巧合，真可谓"无巧不成书"。 万物似乎就在这巧合与机缘中生生不息。

雪底下的鸟群

一只兔子正在沼泽地上奔跑跳跃，它从这个草墩，跳上那一个草墩，再从那一个草墩，跳上另一个草墩。 当它玩兴正浓的时候，忽然一个失足，扑通一声掉进雪里，雪一下子没到了它的耳边。

这时，兔子觉得脚底下有个活的东西在动。 就在这一刹那，从它周围的雪底下，冲出了许多雷鸟，把翅膀震动得山响。 兔子吓坏了，赶紧溜之大吉，退回到森林里去了。

原来有一群雷鸟住在沼泽地的雪底下。 它们白天从雪中钻出来，在沼泽地里漫游，从泥土中挖出一些酸果子来啄食。啄了一阵，又钻回雪底下去了。

在那里，雷鸟又安全又暖和。 躲在雪底下，谁也发现不了它们。

冬天的中午

正月里一个中午，阳光灿烂，白雪掩盖着的树林里，万籁俱寂。

在一个隐秘的洞穴中，它的主人——一只熊，睡意正浓。在熊的头上面，是被雪压得坠了下来的乔木与灌木。 在那些乔木与灌木之间，又都覆盖着积雪，看上去就像一座神奇的宫殿，走廊、台阶、窗户、屋顶，应有尽有。 这一切都在灿灿发光，数不尽的小雪花，像金刚钻似的闪着光。

突然，有一个小东西就像从地底下跳出来一样，直奔一棵枞树的树顶。 原来这是一只小巧玲珑的小鸟儿，翘着尾巴，有着锥子般的尖嘴。 它扑扑翅膀，飞到云杉顶上，发出一连串颤声的啼啭，响彻了整个森林的上空。

这时，在白雪拱门下地窖的小窗口里，突然露出一双绿蒙蒙的眼睛，看上去混混沌沌的。 它像是在窥探：春天是不是已经到来了？

这是洞穴的主人熊的眼睛。 熊总是在自己住的洞的墙壁上，留一扇小窗。 它从哪一面进洞去睡觉，这扇小窗就开在哪一面，以便冬眠时也可以随时窥探森林里的动静。 这一次它仍然没有看见什么，也没有听到什么，没什么意外，在小房子里，一切平平安安。 于是，小窗口上的那只熊的眼睛又消失了。

　　树枝上结冰盖雪，小鸟儿在枝头胡乱蹦跳了一阵，又钻回了雪帽子下的树根里的巢。 小鸟在树桩上给自己筑了一个过冬的巢，那是个很温暖的鸟巢，是用苔藓和柔软的绒毛筑成的。

农庄生活

在严寒天气里，树木都沉睡了。 树木的血液、它内部的水分都凝固了。 树林里，有锯子伐木的声音，吱咯吱咯地响个不停。 伐木工作要持续整整一个冬天，因为冬季森林里的木材是最珍贵的，又干燥，又结实。

锯下来的木材，还要搬运到大大小小的河流边，好让木材在春天随着河水漂出去。 这就需要修几条宽阔的冰路，人们往雪地上泼大量的水，就像泼成冰场一样。

农庄的人们除了伐木、造冰路，还要准备春耕生产，如选种和查看培育的秧苗。

成群结队的灰山鸡，这时都纷纷飞到村子里，在农民的打谷场上暂时居住下来。

雪那么深，灰山鸡可不容易扒开积雪找食物吃；就算是扒开了积雪，下面还有厚厚的一层冰，它们的爪子并不锐利，想刨开又硬又厚的雪壳把埋在积雪深处的食物取出来，绝非易事。

冬天要捕捉它们相当容易，但这是犯法的，因为法律禁止人们冬天捕捉无助的灰山鸡。

猎人们冬天还喂养这些鸟儿呢。他们在地上为灰山鸡建造"食堂"：用云杉树枝搭起许多小棚子，小棚子里面撒上燕麦和大麦。

这样，无论是漂亮的公鸡还是温顺的母鸡，就是在最严寒的冬季，也不会饿死。第二年夏天，每一对山鸡都会领回来20多只小鸡。

防护林

在绵延数千千米的铁路两旁，种植着一排排高大挺拔的云杉树，组成一条"绿带子"。这条"绿带子"保护着铁路，不让风雪把铁轨掩埋起来。每年春天，铁路工人们都要扩展这条"绿带子"——栽种好几千棵小树。最近几年，他们种了10万多棵云杉、洋槐和白杨，还有将近3000棵的果树。

这些树木的树苗，都是铁路工人们在自己的苗圃里培育出来的。

◉尼·巴布罗娃

耕　雪

　　我的一位老同学米沙，住在闪光集体农庄，他是一位拖拉机手。　昨天，我去他的家里拜访了他。

　　米沙的妻子是一个幽默可爱的女人，经常跟我开玩笑。她开门看见是我，热情地招呼说："真是对不起你呢，米沙去耕地了，不在家！"

　　我心想：米沙怎么可能在大冬天里耕地呢？　她可能又跟我开玩笑了，真是太调皮了，幼儿园的小朋友都不会信的。于是我也开玩笑似的回应道："是吗，是去耕雪了吧？"

　　"你说的太对了，就是去耕雪咯！　地里也没有别的可以耕呀。"她认真地回答着。

　　我觉得太不可思议了，决定去田里找米沙。　然而事实证明，米沙妻子没有开玩笑，米沙还真的在那里开着拖拉机耕地呢！　拖拉机后面拖着一个长木头箱子，木箱把积雪堆到了一起，形成了一道雪墙，看起来很坚固。

　　"米沙，你这是做什么？"我不解地问。

　　"用这道雪墙来阻挡大风呢！"米沙大声回答，"要不然，风就会在田地里横行霸道，吹跑积雪。　到时候，秋播植物没有了雪被，就会被活活冻死的。　所以我想了这个办法，一大早我就来用这机器耕雪了！"

牲畜的作息时间

集体农庄的牲畜们也有很规律的生活，它们就像幼儿园的小孩子一样，必须按照规定的冬季作息表来睡觉、吃饭、散步。

这些事，是农庄里的是小玛莎告诉我的，她才 4 岁。 她说："我和我的好朋友们现在都已经上幼儿园了，是不是小马和小牛也该去上幼儿园了呢？ 我们玩耍的时候，它们也得出去散散步。 我们放学回家，它们也得回到圈里去。"

树木的延续

沿着铁路两旁，一排排挺拔的云杉树矗（chù）立（直而高地立着）着，和铁路一起延伸到了数千米之远。 这些枝繁叶茂、郁郁葱葱的树木，就像一条蜿蜒绵长的玉带，它们不畏严寒，为铁路阻挡风雪，不让铁轨被掩埋。

为了继续延伸这条玉带，每年春天，铁路工人都要沿着铁路栽种上千棵小树苗。 这是一项多么浩大的工程啊！

都市新闻

光脚爬在雪地上

在阳光充足的日子，当温度表的水银柱升到了零度的时候，在街心花园里，在林荫大道上乃至在大公园里，都能发现一些没有翅膀的小蚊虫从雪地里钻出来。

整整一天，它们在雪上爬来爬去。到了晚上，又重新回到冰雪的缝隙里藏起来。

它们就住在那些僻静、暖和的角落里，一般是在树叶下面，或者在苔藓当中。

它们爬过的地方，雪上并没有留下它们的脚印。因为它们很轻，而且个子又很小，只有在高倍放大镜下才能看清楚它们伸出的长嘴巴、头上奇怪的犄角和纤细的光脚。

国外新闻

我们《森林报》的编辑部经常会收到一些从国外传来的消息，及时地报道从我们这儿飞去的那些候鸟的生活详情。

比如：我们这儿著名的歌唱家夜莺是在中非过冬的，百灵鸟现在住在埃及，椋鸟分批到法兰西南部、意大利和英国作愉快地旅行去了。

在越冬地，这些候鸟们不再引吭高歌，它们所关注的只是自己的食物。它们没有做巢，也没有孵雏鸟，只是耐心地等待春天的到来。等到充满生机的春天来临，它们就可以飞回久违的故乡了。正所谓"在家千日好，出门事事难"啊。

轰动南非的新闻

在南非发生了一件轰动一时的大事。有一只白鹳从天空飞落下来，人们发现，这是一只脚上套着金属环的白鹳。

人们捉住了这只白鹳，发现套在它脚上的那个金属环上刻着一些字："莫斯科。鸟类学研究委员会，A组第195号。"

南非的报纸刊载了这则消息，我们这才据此得知，前些时候我们通讯员捉住的那只白鹳冬天住在什么地方了。

科学家们就是用这种"套环"的方法，了解了很多鸟类生活中鲜为人知的秘密，例如它们在什么地方过冬，它们长途飞行的路线以及它们长途飞行花费多少时间等等。

为此，各国的鸟类研究机构都会制造很多各种型号的铝环，并在环上刻着分发环的机关名称，还刻上组别（按环的大小分组）和号码。 如果有人捉住了或者打死了这只放环的鸟，就应该按照环上所刻的那个科学机关的名称，通知原科研机构，或者在相关报纸上登载已经发现了这只鸟。

在埃及鸟儿聚集

埃及堪称是鸟类过冬的"天堂"。 这儿有雄伟壮阔的尼罗河，其支流无数，河滩上满是淤泥。 支流造就了肥沃的牧场和农田，各种沼泽地、咸水湖、淡水湖星罗棋布。暖和的地中海，海岸曲曲弯弯，形成许多海湾。 在这些地方，因其独特的地理环境，处处都有丰富的食物，为成千上万的鸟类准备了丰盛的大餐。 夏天，这儿本来就已经生活着无数鸟儿，一到冬天，连生活在我国的候鸟也会飞抵这里。

在这里，鸟类拥挤的情形是令人难以想象的——除非你曾亲自到过那里，我敢说，你肯定会觉得被全世界的鸟儿包围了，目之所及，到处都是鸟儿，各种各样，五颜六色，甚至千奇百怪，让你目瞪口呆。 这阵势真好像全世界的鸟类都聚集到这里来了。

在湖上和尼罗河的支流上，各类水禽密密匝匝的，在远处根本就看不见水，只见黑压压蠕动的一片又一片的水禽。 嘴巴下长着个大肉袋的鹈鹕（tí hú）正在那里捕鱼，在它们旁边，就能看到我国常见的灰鸭和小水鸭。 我们的鸬以其轻盈的身姿在漂亮的长脚红鹤中间踱来踱去。 看！ 非洲的小乌雕或者我国的白尾雕飞过来了，这些胆小的水鹬们一个个被吓得四散奔逃。

如果有谁在湖上放一枪，哪怕突然间弄出大的动静，马上就有形形色色的鸟儿飞上天去。它们飞起时发出巨大的也只有飞禽飞翔时才会发出的声响。一时间，一大片黑黑的影子就把湖面映暗了，因为鸟群飞起来遮住了太阳。

候鸟就是这样，在自己冬天的寓所里自由自在，无拘无束地生活着。

国家禁猎区

我国也拥有一个像埃及一样鸟类聚集的"天堂"，而且并不比非洲的埃及差。我们这儿的许多水禽和沼泽里的鸟儿，都在那儿过冬。同埃及一样，这里一到冬天，同样可以看到诸如火烈鸟和水鹬等这类水鸟。鸟群中掺杂着许许多多的野鸭、大雁、鹬、鸥和猛禽。

虽然我们说的是"冬天"，可是那儿恰恰没有冬天，没有我们这里的积雪、严寒和大风雪。 那里有温暖的海水，有绿荫掩映下的海湾，有大片的芦苇地，有岸边的灌木丛，有静静的草原，还有躺在草原上的那如镜的湖泊。 在那些地方，一年四季有的是各色各样的鸟食。

那些地方都是禁猎区，不准猎人打鸟。 这些候鸟们是在忙碌了一个夏天之后到那里来休闲过冬的。 那就是我国的塔雷斯基禁猎区。 塔雷斯基禁猎区在里海东南岸的阿塞尔拜疆共和国境内，林柯拉尼亚附近。

追猎

打着旗子猎狼

村子附近有狼群出没，一会儿拖走一只小绵羊，一会儿拖走一只山羊。 而村子里又没有自己的猎手，于是村里派人到城里去找人帮忙。

当天晚上，就有一队士兵乘坐着雪橇从城里开过来了，他们全都是打猎的能手。 随队有两辆载货雪橇，雪橇装着粗大的卷轴，卷轴上满缠着绳子，绳子上又扯着一面面红旗，每隔半米就是一面。

辨迹寻踪

根据当地农民提供的线索，城里来的打猎能手们沿着狼走过的踪迹搜索前行。 那两辆载着卷轴的雪橇，也跟在他们后面。

从村庄到庄稼地，狼所留下的足迹是单线的，看起来仿佛是一只狼的脚印，可是经那些善探兽迹的老手仔细一看，就知道走过去的是一群狼。

一进森林，这个单线的足迹就分成了 5 股。 猎手经过辨别认为：头里走的是一只母狼，脚印窄窄的，步子小小的，脚爪槽①是斜的。 猎手们就是根据这些特点做出了上述判断。

察看完后，他们分作两组，乘上雪橇，绕树林一周。 任何地方都没有发现狼出没的痕迹，整个狼群现在还栖息在树林里。 看来，得赶紧来一个围猎。

围猎行动

每一组猎人带了一个卷轴，轻手轻脚地往前滑动。 随着轴子的旋转，绳子被解了下来，然后猎手们分别把绳子缠在灌木上、树干上或树桩上。 这样，让长长的小旗离地有 0.35 米（约半俄尺）②高。 如此，绳子上的小红旗就都展开了，随风飘

---

①野兽在雪地里行走的时候,它们的脚掌常常把脚印小坑里的雪带一点出来,因此雪地会留下脚爪印,像一道道小槽,这就叫做脚爪槽。
②1 俄尺等于 0.711 米。

摆，煞是好看。

这两组人已经在村庄附近会合，整个林子都被包围起来了。

他们嘱咐集体农庄的庄员们，第二天天一亮就起床。 然后，他们自己也去睡觉了。

冷月夜晚

那天晚上，凄清，寒冷，是个寂寥的月夜。

那只母狼最先站起身来，紧随其后的是只公狼，今年才出世的 3 只小狼也跟着站起身来。

四周是密密层层的树木。 杉树顶上悬挂着一轮满月，活像模糊的落日。

这些狼一个个肚子饿得咕咕叫。 饿的滋味是多么难受啊！

母狼抬起头，朝着月亮嗥叫。 公狼也跟着它凄凉地叫了起来。 再接着，就是那几只小狼稚嫩的叫声了。

村庄里的家畜听见狼嗥，吓得牛羊都"哞哞""咩咩"地叫了起来。 一时间响彻了寂静的夜空。

母狼领头，公狼断后，几只小狼夹在中间。 这样，它们遇到异常情况，进可攻，退可守，狼爸爸和狼妈妈又可以两面照顾和保护三只小狼。 狼这一家五口，以这样的列队方式出发了。 它们小心地迈着步子，后面的一只脚不偏不倚，恰好踩在前面一只脚的脚印上。 它们在森林里缓步前行，朝着既定的目标——村庄，进发。

忽然，母狼停住了脚步，随后公狼也站住了，小狼也静止在原地不动。 母狼那一双恶狠狠的眼睛，惶惶不安地闪烁着。 它那灵敏的鼻子闻到了红布所发出来的气味。 透过夜色，它看见前面林子边灌木上，挂着一些黑糊糊的布片儿。

这只母狼年龄已经不小了，见识过不少事情。 在狼族里可谓是资质深厚的老字辈。 可是这样的光景，她还从没见到过。 不过它坚信这样一个道理：能看到布片的地方，那儿就肯定有人。 可是狡猾的母狼想，说不定现在他们正藏在什么地方蹲守着呢。 不行，情况危险，得赶紧往回走！

母狼转过身来，瞬间打定主意，大步地朝林子的另一头奔去。 后面跟着公狼，再后面跟着小狼。

它们飞快地穿过整片林子，到了林子的另一头，但当这群狼来到树林边，又站住了。

这里也挂着那么多布片，一个个就像伸出来的舌头。 在夜色中显得那么可怕。

这窝狼东奔西蹿，一次次横穿过树林，这里那里，到处都有布片，根本就没有出口。

母狼觉得情形不妙，还是保命要紧。 它带着其它狼连忙逃回密林，无奈地躺了下来。 公狼和小狼也只好照着它的样子躺下来。

它们已经走不出这个包围圈了。 还是饿着吧！ 肚子饿得咕咕叫。 天好冷呀！

第二天凌晨出发

天刚蒙蒙亮，村庄里就有两队人开始出动了。

第一队人数较少，个个都穿着白色的外衣。 他们绕着树林走，把小旗悄悄地解了下来，摆在树丛外面的小山上。 这一队是带枪的猎人。 他们之所以穿白色外衣，是因为其他颜色的衣裳在冬季的森林里太显眼。 简言之，就是方便隐蔽，迷惑动物，防止被它们发现。

另一队人数较多，是集体农庄的庄员们。 他们手里都分别拿着木棒，秩序井然地分散在林子外面的田野上，蓄势待发。 随着队长一声令下，他们蜂拥而上，在树林里一边走，一边互相高声呼应，还不住地用木棒敲击树干，发出这让动物听了胆战心惊的声响。

猎 杀

　　此时这群狼正在林子里面打盹，猛听得从村庄那边传来一阵喧闹声，而且这种喧闹声与以往不同。　不祥之感瞬间笼罩着这群走投无路的狼。

母狼一下子从窝里蹿了起来，朝林子的一侧飞快跑去。公狼紧跟在母狼后面，小狼紧跟在公狼后面。

　　因为意识到情况不妙，五只狼，不论大狼小狼，还是公狼母狼，它们脊背上的鬃毛全都倒竖了起来，这是哺乳动物们受到惊吓最本能的第一反应。它们尾巴紧夹着，两只耳朵向后背着，个个眼睛里放射着幽幽的凶光。

　　很快，它们就跑到了树林边，母狼发现林子里不知何时挂满了一块块红布片。往后退吧！她想。

　　这时，人们喊叫声和敲打声越来越近，木棒更是敲得震天的响。听得出，正在有大批的人向树林杀过来。而他们的目标就是眼前这疲于逃命又饥肠辘辘的可恶而又可怜的狼。看来，它们今天的命运是凶多吉少啊。

　　母狼想了想，立刻决定，直接朝着他们的反方向逃跑。

　　于是，这群狼又来到了树林边。这里没有发现讨厌的红布。母狼便带着群狼毫无顾忌地往前跑去。

这时，从灌木丛后喷出一道道火光，枪声乒乒乓乓响了起来。 只见那条公狼一蹦老高，紧接着，扑通一声跌在地上。小狼满地打滚，尖声怪叫。

士兵们的枪打得准，小狼们没有一个能躲得过。 但是，老母狼却神奇地消失了。 人们到处寻找，谁也没看见。

从这以后，村子里再也没有丢失过牲畜。

猎杀狐狸

一个有经验的猎人，是有好眼力的。 无论多狡猾的狐狸，也骗不过有经验的猎手那敏锐的眼睛。 他只要看看狐狸的脚印，就什么都明白了！

一个冬日的早晨，天气格外晴朗。

塞索伊奇简单地吃完早餐，便收拾好东西，穿戴整齐，带上必备的工具，像往常一样走出家门。

昨天夜里下了一场大雪，厚厚的雪地上几乎还没有什么印迹，但他凭借猎人敏锐的眼光，远远就看到田里有一行狐狸的脚印，非常整齐和清晰。 不过，这位个子不高的猎人并没有急于跟踪那些足迹的意思，他先不慌不忙地来到脚印旁，静静地站在那儿，沉思着。 过了一会儿，他麻利地脱下一只滑雪板，用双膝膝盖跪在上面，把一个手指头弯起来，伸进狐狸脚印里，横里探探，竖里探探，就像某位科学家在做基本的数据采集。 做完这一切后，他又略微沉思一会，然后才重新套上滑雪板，顺着脚印缓缓滑去，他始终目不转睛地盯着那些足迹。 最后足迹隐没在一片树丛里。

塞索伊奇也随着足迹隐没在树丛中。 他一会儿隐进灌木丛，一会儿又从灌木丛里钻出来，真不知他到底要干什么。 紧接着，他发现前面有一片不大的树林。 他还是那么不慌不忙，不紧不慢，绕着这个小树林走了一圈才停止脚步。

当他从另一个方向慢慢走出小树林时，就立刻加快速度，飞驰着奔向他所居住的村庄。 他这次不再用是手拿着滑雪棒，而是飞也似地在雪上滑行着。

冬季的白天是短暂的，但他为了察看狐狸的脚印，就用去了足足两个钟头。 塞索伊奇已经暗暗地下定决心，无论如何，今天也要把这只狡猾的老狐狸拿下。

他飞快地滑到本村另外一个猎手谢尔盖的家门口。 谢尔

盖的母亲早就从自家的小窗里望见了他。然后她不紧不慢地从屋里走出来，站在了家门口，并向他友好的打着招呼："我儿子没在家，也没跟我说他去哪儿了。"

塞索伊奇知道老人家是在说谎，他只是笑了笑说："我知道他去哪儿了，一定是在安德烈家。"

果然不出所料，塞索伊奇在安德烈家里找到了两位年轻的猎人。

本来这两位年轻人是想瞒着塞索伊奇而独自行动的，当他一脚踏进门槛，二位年轻人就都不说话了，脸上瞬间流露出尴尬的表情。谢尔盖甚至一时着急，从长凳上一跃而起，想把那个他俩准备打猎用的裹着小红旗的大卷轴藏起来，可一时心慌又不知该藏在哪里合适。这个场面真是既有趣又滑稽。最后还是塞索伊奇打破了这一僵局，首先开口道"

"别藏了，小子们，"塞索伊奇单刀直入地说，"我什么都知道了。昨天夜里，在星火集体农庄里，被狐狸拖走了一只鹅。现在经过我细致而精确地考察，这只狐狸的藏匿地点现在我已经知道了。"

这几句话，把两个年轻的猎人闹了个张口结舌。

就在半个小时前，谢尔盖曾遇到了与他们相邻的星火农庄的一个熟人，并听说昨天夜里，他们那儿给狐狸拖走一只鹅。谢尔盖听了熟人的这番话后，他急忙跑到好友安德烈家来。他俩刚刚商量好，怎样去寻找那只狐狸，怎样趁早下手把它捉住，并且赶在塞索伊奇知道之前。他们还没有商量出个结果来，塞索伊奇就到了，而且他还什么都知道了。 这是多么令人尴尬的事。

安德烈先开了腔："又是哪个多嘴多舌的妇女告诉你的吧？"

"那些妇女们才不会关心这些事呢，是我看脚印看出来的。 现在我给你们讲讲：第一，这是只老公狐狸，个子很大又老奸巨猾。 因为它在雪地留下的脚印比一般狐狸的脚印要大，脚印是圆圆的，清清楚楚，它是从星火农庄把鹅拖到丛林里吃掉的，我已经找到那个地方了。 这只公狐狸虽然狡猾，但是长得又肥又大，毛皮很厚，挺值钱的。"

谢尔盖和安德烈互相交换了一下眼色。

"怎么，你说的这些都是凭着脚印判断出来的吗？"

"当然喽！ 如果这是一只瘦狐狸，吃得半饥不饱的，那它身上的毛皮就又薄又没有光泽。 可是这只公狐狸，因为它老奸巨猾，所以总能找到吃的，这样，它身上的毛就一定很密，颜色比较重，漆黑而有光泽。 那张皮可值钱啦！ 我发现，这只狐狸走起路来，步子轻松，就好像猫儿一样灵巧，它留在雪地上的脚印一个连着一个，又清晰，又整齐。 告诉你们吧，像那样的一张毛皮，在列宁格勒毛皮收购站，肯定会有人出大价钱的。"

说完这些话，塞索伊奇便不再言语了，他耐心地等待着这两个年轻人的回应。

谢尔盖和安德烈又互相交换了一下眼色，一块儿走到墙角里，小声嘀咕了一会儿。

随后，安德烈对塞索伊奇说："好，塞索伊奇，干脆直说吧，你是来叫我们和你一起去打这只狐狸的吗？ 我们没意见啊！ 你瞧，我们也听到了风声，连小旗都准备好了。 本来是想赶在你之前行动，可是没办到。 那么这会儿就一言为定，咱们合作吧！ 不过丑话可是说在前头，这次捕猎，谁得手算谁的。"

"第一次围攻，打死算你们的。"小个子猎人大大方方地说，"可是如果让它跑了，实话跟你们讲，第二次围猎的可能性就没有了，因为这只狐狸并不是我们本地的，只是路过这里。 本地的狐狸我了解，没有这么大个的。 它听见一声枪响，就会逃得没影没踪，找两天也甭想找着它。 这种小旗子对它来讲也没用，还是留在家里吧。 老狐狸可狡猾哩！ 它让人家围猎，大概也不止一回了，这种东西恐怕它已经司空见惯了。"

可两个年轻人还是坚持把旗子随身带上了，说这样更有把握些。"好吧！"塞索伊奇点了点头，"你们乐意怎么办，就怎么办！ 走吧！"

谢尔盖和安德烈开始准备起来了。 他们把那个拴有小旗子的大卷轴，拴在雪橇上。 趁这个工夫，塞索伊奇又跑回家一趟，换了件衣服，然后回来招呼两个小伙子一起去找来 5 个年轻的庄员，叫他们帮忙赶围。

3 个猎手都在自己身上的短皮袄外面，套上了灰罩衫以便隐蔽。

"我们现在是去打狐狸，不是去打兔子。"在半道上，塞索伊奇叮嘱几个年轻人，说，"兔子是有点糊里糊涂的，而狐狸可是机灵得很，哪怕有一点风吹草动都会让它警觉。 要是被它看出一点什么马脚来，它立刻就会逃得没有影儿啦！"

他们很快就到达了狐狸藏身的那个小树林。 塞索伊奇给他们明确地分了工：赶围的人站好了地方；谢尔盖和安德烈带了卷轴，往左绕着小林子走，一路挂起小旗儿来；塞索伊奇则拿着另一根一直往右走。

"机灵点，伙计们！"在开始行动以前，塞索伊奇仍不忘随时提醒他们，"看有没有走出树林的脚印子。 动作千万要轻，动静一定要小，尽量别弄出声音来。 老狐狸可鬼着呢！它只要听到一丁点动静，咱们就再也别想逮住它了。"

过了一会儿，3个人就把整个林子围了起来，最后在小树林的那边碰了头。

"一切都弄妥当了吗？"塞索伊奇小声问。

"都弄好了，"谢尔盖和安德烈回答，"我们仔细瞧过了，没有出林子的脚印。"

"我也没有发现。"

他们留下一段通道，大约有150来步宽，这里没有小旗子挡路。 塞索伊奇分析了形势，凭借他多年的实践经验迅速地筹划着方案。 他嘱咐两个年轻的猎人，呆在什么地方最合适，最不容易暴露目标，最方便随时开始追赶。 然后自己又

踏上滑雪板，悄悄滑到负责驱赶狐狸的那几个人旁边。

过了半个钟头，围猎开始了。 包括塞索伊奇在内，6个负责驱赶狐狸的人进了包围圈，像一个大网一样沿着林子往前围过去。 大家不住地互相低声呼应，还用木棒敲树干。 塞索伊奇走在中间，几个人并排着往前走。

林子里悄无声息，只有被人碰到的树枝，无声无息地落下一团团松软的积雪。

塞索伊奇紧张地等待两个青年猎人的枪声。 这两个青年猎人尽管是自己看着长大的孩子，对他们比较了解，可他还是放心不下。 这种狐狸是非常罕见的，对于这一点，这个经验丰富的猎手毫不怀疑。 这个机会要是错过了，那日后再也碰不到这样的狐狸了，也失去了锻炼的机会。

他们已经驱赶到了中心地带，可还没有听见枪声。

"怎么会这样呢？"塞索伊奇一面从树干间溜过去，一面提心吊胆地想道，"按时间计算，这只狐狸早就应该从出口蹿出去了。"

安德烈和谢尔盖这边，已经走到树林边了。 他们从躲藏的那几棵小云杉后走了出来。

"没看见吗？"塞索伊奇大声问，他不再把声音放低了。

"没看见。"

小个子猎人一句话也没多说，转身就往回跑，他要去检查一下围网的情况。

"喂！ 到这儿来！"过了几分钟，人们听到了他生气的呼叫声。

大家都走到他跟前来了。

"你们这叫什么猎手！"小个子恶狠狠地朝着两个年轻猎手责备起来，"你们信誓旦旦地说，没有看见狐狸跑出去的足迹，可这是什么？"

"兔子的脚印。"谢尔盖和安德烈异口同声地回答，"我们在围网的时候就发现了。 就是兔子的足迹。"

"那兔子脚印里头呢，兔子脚印里头是什么？ 我跟你们说了多少次，傻东西，这只狐狸非常狡猾！"

在兔子的长长的后脚印里，隐隐约约可以看出，还有别种野兽的脚印！ 这两个年轻猎手确实经验不足，当初他们围网检查的时候犯了疏忽大意的错误：那种脚印比兔子的后脚印圆一些，短一些。

"狐狸为了掩饰自己的脚印，常常踩着兔子脚印走，难道你们不知道吗？"塞索伊奇真的有点发火了，"你们看，它一步是一步，步步都踩在兔子的脚印上。 你们这两个蠢货，让大家白白浪费了多少时间！"

塞索伊奇吩咐把小旗子留在原来的地方，带头沿着足迹往前跑。

其余的人都默默无语，紧紧地跟在他后面。

进了灌木丛，狐狸脚印就跟兔子脚印分开了。 这行脚印是清清楚楚的，绕来绕去，绕出狡猾的狐狸的许多鬼花样。他们顺着这行脚印走了好半天。

冬季昼短夜长，眼看这阴沉沉的一天就要过完了，天边的云彩已经变成了紫色。 大家都垂头丧气，这一天的劳动算白费了。 脚下的滑雪板也显得沉重起来了。

当他们滑到另外一片小树林的时候，突然，塞索伊奇站住了。 他指着前面一片小树林，低声说："狐狸肯定在这里边。再往前走5000米，就是一大片空地，像一张白台布似的，没有树丛，也没有溪谷。 野兽最忌讳的就是在这种开阔地上跑。我敢拿脑袋打赌，它准在这儿！"

两个年轻猎手一听这话，马上就来精神了，把枪从肩上拿了下来端在手里。

塞索伊奇吩咐安德烈带领3个负责驱赶的人往右，谢尔盖和两个赶围人，从小树林左面包抄过去。

大家马上分头行动起来了。

等他们走了以后，塞索伊奇自己悄悄地溜到林子中间。他知道，这里有一块不大的林间空地。 那老狐狸绝不会待在这没遮拦的地方。 但是，不管它往哪个方向穿过小树林，也没法避免跑过这块空地的边缘。

在这块林间空地的中央，有一棵高大的云杉。 旁边有一棵枯死的云杉树正斜倒在它的树冠上。 塞索伊奇的脑子里闪过这样一个主意：顺着那根斜倒的云杉树干爬到那棵大云杉树的顶端去。 这样，居高临下，一定能发现狐狸的藏身之处。因为空地周围，只有一些矮小的云杉，还有几棵光秃秃的白杨和白桦，不会挡住视线。

但是，这位老练的猎人，很快就打消了这个念头：趁你爬树的工夫，狐狸早就跑掉了，而且从树上往下打枪也不太方便。

在这棵大云杉树的旁边有一个树墩，塞索伊奇在云杉树旁停住脚步，树墩两边各长着一棵小云杉树。 他就站在这个树墩上，扳起双筒枪的枪机，仔细向四下里张望。

这时，差不多是在四面八方同时响起那些负责驱赶狐狸的人们小声交谈的声音。

塞索伊奇满心以为自己确实知道：这只非常值钱的狐狸肯定就在这里，而且离他不远，它随时都可能出现。 可是，当一团棕色皮毛的动物突然蹿到他旁边的两个树干之间时，塞索伊奇的手还是颤抖了。 出乎意料之外，那兽径直蹿到毫无遮拦的空地上去。 塞索伊奇马上就做好了开枪的准备。

等到他定睛一看，他立刻想到此时不能开枪，因为这个动物不是狐狸，而是一只兔子！只见这只兔子这时已蹲在了雪地上，惊惶地抖动着耳朵。

四面八方人们谈话的声音越来越近了。

兔子又蹿到了丛林里，逃得不知去向了。

塞索伊奇又集中了全部注意力，紧张地等待着。

忽然听到从右面传来一声枪响。

打死了吗？还是打伤了？

从左边又传来第二声枪响。

塞索伊奇放下了枪。他心想，这不是谢尔盖，就是安德烈，总该有一个人把狐狸打死了。

过了几分钟，赶围人走到空地上来了。谢尔盖和大家满脸窘态。

"怎么，没有打中吗？"塞索伊奇阴郁地问。

"你看，在灌木后头，怎么打得中……"

"瞧你……"

"哎，你呀！它在这儿呢！"

从背后传来安德烈嘻嘻哈哈的声音，"没叫它逃走啊！"

这个年轻猎手走过来，把一只打死的兔子，扔在塞索伊奇脚下。

塞索伊奇刚要开口说话，马上又把嘴巴闭上了，一句话也没说出来。那些与猎手一起出来帮忙驱赶猎物的人们，一个个都莫名其妙地看着这三位猎人。

"算了，"最后，塞索伊奇终于平平静静地说，"现在，大家回家吧！”

“那狐狸呢？”谢尔盖问。

“你看见狐狸了吗？”塞索伊奇反问。

“没有，没看见，我也只是发现过兔子。兔子在灌木后头，那样……”

塞索伊奇只把手一挥，幽默地说：“我看见了，它让一只山雀抓到天上去了。”

当他们从这个小树林里出来以后，小个子猎人就独自落在后面。他是故意在最后面走，以便趁着这时，天还没有完全黑下来，再认真地观察雪地上的脚印。

塞索伊奇绕空地整整走了一周，走走停停，时而慢慢地打量着。狐狸和兔子进到林子后留下的足迹还是清晰可见。

塞索伊奇细心地察看着狐狸脚印。不，狐狸没有踩着自己原来的足迹一步一步地走回去，再说，狐狸也没有这样的习惯。

出了这块空地，脚印就完全不见了。无论是兔子的脚印，还是狐狸的脚印，都不见一丝痕迹。

此时，塞索伊奇随便找了一个树墩，习惯性地坐在上面，双手里面捧着头，里面托着腮，继续思索起来。他想尽快破解脚印消失之谜。

真是“踏破铁鞋无觅处，得来全不费工夫”，一个很平凡的想法忽然涌入他的脑海：也许这只狐狸就在这空地上打了个洞，它现在就躲在洞里。 哎呀！ 这么简单的事，我怎么就没有想到呢？

可是，当塞索伊奇有了这个念头和想法时，再抬起头来看看天空，天已经完全黑了下来。 在这种视野明显受限的时候，想再找到这只狐狸的藏身之处，已经是不可能的事了。

别无它法，塞索伊奇只好返回家去了。

只要是动物给人类出的难题，无论它有多难，塞索伊奇都不会放弃任何解开它的机会。 他就是这么个精明而善思考的猎手，否则他也不会为众多猎人高看一眼。 就连那自古以来在各民族传说中以狡猾出名的狐狸，也难不倒他。

第二天早晨，小个子猎人又来到昨天狐狸失踪的那块空地上。 这一次，他可真的发现了那只狐狸走出林子的足迹。

塞索伊奇顺着脚印走下去，想找到他想象中的那个洞穴。但是，狐狸的脚印把他一直领到了空地的中央。 那行清晰整齐的脚印一直把他引到那个斜倒在大云杉树上的干枯树干旁边。 顺着树干上去，消失在茂盛的大云杉树的密密针叶之间。

经过仔细观察，塞索伊奇发现，在离地面 8 米高的一根粗大的树枝上，一点雪迹都没有，积雪是被一只在这里睡过的野兽给擦掉了。

原来，昨天，塞索伊奇在这儿守候老狐狸的时候，老狐狸就躺在他的头顶上。 如果狐狸也会讥笑人的话，昨天它一定狠狠地讥笑过这个小个子猎人，而且也一定是笑得前仰后合。

不过，当这件事情发生过后，塞索伊奇就坚信不疑：既然狐狸会上树，那被狐狸讥笑也就成了再正常不过的事情。

　　　　　　　　　　　　　　●本报特约通讯员

各方呼叫

无线电通讯

呼叫！呼叫！

这里是列宁格勒《森林报》编辑部。 今天是 12 月 22 日，冬至。 现在，我们跟全国各地一起，同时举行本年度最后一次的无线电大通讯。

我们向全国各地呼叫：邀请苔原、草原、密林、沙漠、山岳、海洋都来参加无线电大通讯。

在今天这个进入深冬的日子，是一年之中白昼最短、黑夜最长的一天。 请大家讲一讲，你们那里都发生了什么事情。

收到！收到！

北冰洋群岛收到

我们这儿正是黑夜最长的时候。 太阳已经远离了我们，在春天来临之前，太阳再也不会出来了。

洋面上覆盖着坚冰，在我们这儿岛屿的苔原上，也到处是冰雪。 那么在这样的严冬季节，还有哪些动物留在我们这儿过冬呢？

在洋面的冰层下面还生活着海豹。 趁冰还没冻厚的时候，它们在冰里给自己开了通气孔，并且努力保持这些小孔的通畅。 一有薄冰把通气孔封上，它们会尽快用嘴把它捅破。海豹从这些通气孔里呼吸新鲜空气，有时候，它们会通过小孔爬到冰面上来，在上面休息，睡一会儿。

有一只公白熊正悄悄地走近那些躺在冰面上的海豹。 白色公熊跟白色母熊不一样，它们不冬眠，不钻到冰窟窿里去躲一冬。

我们这里，在冻土带的雪层下面，还活跃着一种短尾旅鼠，它们在雪底下挖了一条条的通道，啃那些埋在雪里的细草。 看起来它们在雪下深藏不露，可是那些披着一身雪白皮毛的北极狐却能够嗅出它们的气味，把它们从雪底下刨出来。

北极狐还可以吃到野禽，那就是生活在冻土带上的沙鸡。当沙鸡钻到雪下去睡觉的时候，鼻子灵敏的小狐狸，很容易悄悄走过去把它们捉住。

这里整个冬季都是漫漫长夜，老是漆黑一片，没有太阳。在这种情况下，我们又能看到什么呢？

不过，虽然没有太阳，我们这里也有光明。首先，该有月亮的时候，就月明如洗。皎洁的月光会把黑夜照亮，如同白昼。其次，我们这里还经常出现只有北极地带才特有的光照现象——北极光，它以其特有的神奇色彩，在天空闪烁着。

这种奇妙的光，时时变化着各种颜色，光怪陆离，真可谓是幻化的神韵！有时候，它像一条宽阔的彩带，从北极顶点飘来，沿着北极方向的天空铺展开；一会儿又像直泻而下的瀑布，飞流千尺；一会儿又像根直指苍穹的利剑，在极光的照耀下，洁净的白雪刹时间光芒四射，天地间亮得如同白昼。

你是想问我们冷不冷？冷得要命！我不得不实话实说。经常刮大风，还有暴风雪，甚至是风雪交加。只要大风一刮，我们的小屋子就被无情地埋在雪里了。大风甚至会一直刮上一个礼拜也不停歇。

不过任何困难都吓不倒我们，我们一年比一年朝着北冰洋北部深入；而那些勇敢的极地勘探者们，甚至早就到北极开展研究工作去了。

顿巴斯草原收到

我们这儿也在下着小雪呢。 但是，这里的冬天并不长，也不可怕，而且并不是所有的河流都能冻成冰。

因为依恋这里的相对温暖，那些从北方的湖泊里飞来的野鸭，也不想再往南飞了。 就连那些白嘴鸦也从北方飞了过来，逗留在各处市镇上、城市里。 这里有足够它们过冬吃的食物，可以够它们一直住到 3 月中旬，然后再心满意足地飞回故乡去。

在我们这儿过冬的，还有从遥远苔原飞来的小客人，那便是雪域铁脚鸡、凤头百灵、极地大白鹁等。 极地大白鹁习惯于在白天出来捕食，若不这样，它夏天在苔原上怎样生活呢？夏天它们可是要生活在苔原地带，而那里整个夏季都是白天呢。

冬天，在辽阔的草原上也覆盖着雪，人在地里没有活儿可干。 但是，在地底下，即使现在是冬天，人们也热火朝天地工作着：在深深的矿井里，我们正忙着用机器挖煤，用电力升降机把煤送上地面，再由整列整列的火车把它们运往祖国各地，送到大小工厂里去。

新西伯利亚原始森林收到

冬天的原始森林里覆盖着厚厚的雪层。 猎人们踏上滑雪板，成群结队地到大森林里去。 后边跟着轻便雪橇，雪橇上带着食物等必需品。 有许多猎狗跑在他们前面，这些猎狗都是北极犬，那蓬松的大尾巴在身后卷成一个圆圆的环。

原始森林里有无数淡蓝色的灰鼠、珍贵的黑貂、毛茸茸的猞猁狲、兔子、硕大的麋鹿、棕黄色的鸡貂，最上等的画笔就是用鸡貂的毛做成的。 还有白色的白鼬（yòu），从前沙皇的长袍就是用这种银鼠的皮缝制的，现在则经常用这种皮给孩子们做帽子。 这里还有无数火红色的火狐和棕黄色的玄狐。 当然，森林里的鸟类也比比皆是，无数美味的榛鸡和松鸡都是人类的美食。

熊早已为自己准备好了不易被人们发现的洞窟，在它那隐秘的熊洞里沉睡了。

猎人们在大森林里一待就是几个月不出来，晚上他们就在早就准备好了的越冬的小房子里过夜。冬天的白昼很短，他们一天到晚，忙着利用这短暂的时光在森林里设下陷阱，等待各种兽类和鸟类上套。这时，他们的北极犬就在大森林里跑来跑去，东闻西闻，东看西看，寻找松鸡、灰鼠、西伯利亚鼬和麋鹿，甚至正在冬眠的熊。

当一伙伙猎人回家的时候，他们把那些沉重的战利品用皮带拴在雪橇上，仍然是结着队走出大森林，满载而归。

卡拉库姆大沙漠收到

人们把沙漠称之为荒原，但在春秋两季，沙漠并不像荒原，这里到处是生命。而冬夏两季，荒原就真正成为"死原"了。夏天，鸟兽在沙漠里找不到食物吃，而且热得火烧火燎的

一到冬天，兽类跑掉了，鸟类飞去了，它们离开了这个可怕的地方。徒然有明亮的南方太阳，可它对大地的照射却是徒劳无功的，因为这里已经了无生气，没有飞禽，也没有走兽去欣赏那晴朗天。阳光的照射即使能把雪融化了又能怎么样呢？雪底下反正也只有死硬的沙子。也不能说什么都没有，如果再挖深一点，你会发现龟、蛇、蜥蜴、昆虫等动物僵在那里一动不动，甚至热血动物——老鼠、黄鼠、跳鼠等，都深深地钻进沙子里去，冻硬了，冬眠了。

凶猛的风在旷野里肆虐，没有谁能够制止它们。冬天，风是沙漠的主人。

不过，我们相信，这种景象将来一定会改变。人正在征服沙漠，如开凿灌渠，植树造林。未来的沙漠，即使在夏季和冬季，也同样会生机勃勃。

收到！收到！

高加索山区收到

在我们这儿，几乎没有冬夏之分，可以说冬天里有夏天，夏天里有冬天。

我们这儿，有极高的山峰，常年覆着冰盖着雪，卡兹别克山和厄尔布尔士山那样高耸云霄。即使在盛夏，炽烈的阳光也无力融化那高耸入云的山峰上的常年积雪和冰层。但是，冬天的寒气也征服不了我们这儿有群山屏障的、百花盛开的谷地和海滨。　因为山峰挡住了北方来的寒气。

　　冬天只能把羚羊、野山羊、野绵羊从山顶赶到山腰，它们不会离开这里走得更远。　冬天，山上开始下雪，山下谷地里下的却是温暖的雨。　山下不会像山上那么冷。

　　前些日子，我们还在自己的果园里摘下了橘子、橙子、柠檬交给国家。　直到现在，我们的花园里，还盛开着玫瑰，蜜蜂嗡嗡地飞来飞去。　而在那被阳光照射得很温暖的山坡上，有一些野花已经开放了。　其中只在这个季节开放的，有白色带绿心儿的雪花，有黄色的蒲公英。　我们这里终年花开不败，而且终年有山鸡飞舞。

　　冬天，我们这儿的飞禽走兽用不着远走高飞，远离夏天居住的地方。　它们只需把栖息地从山顶移到山腰，再移到山谷，或者移到山脚就能过冬了。

　　每到这个季节，我们高加索迎来了多少有翅膀的客人呀，我们给它们提供足够的食物和充分的温暖。

　　到这儿来的，有苍头燕雀，有椋鸟，有百灵，有野鸭，有生活在森林里的长嘴山鹬。

　　尽管今天是冬至，是一年之中白昼最短、黑夜最长的一天，可是，明天就是白天阳光灿烂、夜晚满天星斗的新年了。　即使是现在，我们也可以轻装出门，用不着穿大衣就觉得很暖和。（而在我国的一端——北冰洋，我们的朋友们连门都出不了。　北冰洋那儿的风雪又那么大，天气又那么冷。）白天，我们可以仰望高耸入云的山峰；晚上，我们可以欣赏高悬晴空的新月。 静静的大海中的波浪，轻轻地在我们脚下拍溅着。

黑海收到

黑海的波浪轻轻地拍打着海岸，在温柔的微波荡漾中，沙滩上的鹅卵石发出懒洋洋的滚动声。 暗沉沉的水面上，映出细细的一弯月牙。

我们这里的暴风雨早就过去了。 秋天，我们这儿的大海汹涌，白浪滔天，狂涛怒浪疯狂地冲击着岩石，翻滚着，呼啸着，直扑海岸。 而到了冬季，强风就很少来干扰我们了。

在黑海没有真正的冬天，只是海水比平时略微凉了一些罢了，但是北海岸一带，会短时期冻上薄冰。 我们的黑海一年四季都充满了生机：活泼快乐的海豚在海里嬉戏着，黑色的鸬鹚（lú cí）在水里钻出钻进，而海面上空则不断有白色的海鸥在翱翔。 一年四季，海面上都有我们漂亮的大汽船和轮船在来来往往，有飞速奔驰的摩托艇，有轻便的帆船在滑行。

也有一些鸟类到我们这里来越冬，有水鸟、各色各样的潜水鸭、肥硕的浅红色鹈鹕，鹈鹕的粉红色的长喙下面挂着个大口袋。 可见，我们黑海的冬天并不比夏天寂寞。

编辑部的总结

大家看到了，在我国有多种不同的春夏秋冬。 国外在不同的地点，春夏秋冬也各有特色，情景各不相同。

反正不论你到哪儿去，不论你在哪儿住下来，等待着你的都是良辰美景，也有很多事业等待你去完成，那就是在我们这块土地上，勘察、研究和发现我们国土上新的财富，建设新的、更美好的生活。

到这里，我们今年的第四次、也是最后一次全国各地无线电大通讯就结束了。

再见了！再见了！

明年再会！

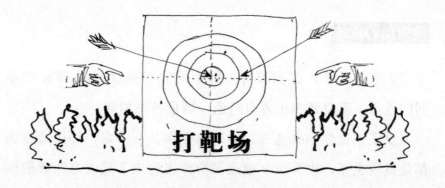

打靶场

第十场竞赛

1. 按照日历,找出冬季开始的一天和这一天的特征?

2. 有一种野兽的足迹看不见爪印?为什么?

3. 猎人不喜欢哪几种毛皮很值钱的野兽?

4. 树在冬季还会生长吗?

5. 为什么猎人们最重视下过初雪后的打猎?

6. 冬季哪些鸟类在深雪之下夜宿?

7. 猎人冬天在田野和森林里,穿哪种颜色的衣服最合适?

8. 为什么兔子跑的时候,后脚印在前,前脚印在后?

9. 我国的候鸟飞到南方以后,是否在那里筑巢?

10. 这雪上的脚印是什么动物的?

11. 在森林中生活的哪一种鸟眼睛是靠近后脑勺的?为什么?

12. 哪一种小野兽狐狸不要吃、鸡貂也不要吃?

13. 哪一种野兽的足迹与人的脚印相像?

14. 有时候,猎人打到一些兔子,会在兔子背上发现有鸮鸟或鹞鹰的爪子。为什么会这样?

15. 这里画的是一只被猎人打伤的鹿的足迹。请问,这只鹿哪里受了伤?

16. 一件白袍,空中飘摇,没襟没纽,谁也不要。(谜语)

17. 此物像匹马,却又不是马。只在野外蹿,不回主人家。(谜语)

18. 在雪地里飞奔,却没留下脚印。(谜语)

19. 门外有个老头,常把温暖带走。自己从不停歇,也不让人停留。(谜语)

20. 老头本领真不小,不用钉来钉,不用斧来凿,石墩无须造,木板用不着,吹几口气,就造出一座大桥。(谜语)

21. 此物剔透晶莹,宛如钻石永恒。万变不离其宗,价格却不贵重。(谜语)

22. 飞呀飞呀飞个不停,转呀转呀转个不休,从空中向全世界怒

吼。(谜语)

23. 一粒一粒,撒进土中。土里出来,块块大饼。(谜语)

24. 不用种,不用碾,泡在水里,压块石头,冬天没有菜,端上桌来一大盘。(谜语)

通 告

第九次测验题

"神眼"称号竞赛

这是什么动物的脚印？

图1

这是什么动物的脚印？

图2

这又是哪种动物的脚印呢？是兔子的吗？不错，确实是兔子的。不过这是两种兔子的脚印：雪兔的和欧兔的。哪一种是雪兔的？哪一种是欧兔的？

图3

这是什么动物的脚印？

树叶落尽了。请你根据树干和树枝来认认看,这都是些什么树?

冬天是一本书

冬天确实是一本书,人人都可以自学。它可以帮助你在森林里,在田野上,甚至在花园中学到很多关于森林的知识。

你只要一边走,一边仔细察看:哪一种飞禽、哪一种走兽在雪上留下了什么样的脚印。这样,你一定能够学会阅读这本伟大的冬季之书。

关注一下那些无家可归、饥寒交迫的小朋友们吧

唉,在冬天,那些平时带给我们美妙歌声的鸟儿们和其他鸟儿的日子真是太艰难了,它们到处寻找能够躲避寒冷的处所。如果找不到,那就被冻死了。

它们在呼唤:快来! 快来! 救命呀!

我们快去救助它们吧:给那些小鸟儿们制作过夜的小木屋吧! 在田野空地上,用松枝和干草来搭建供沙鸡们住宿的小窝棚吧! 为它们放上一些食物供它们享用吧!

接待贵宾

山雀和鸸

山雀和鸸(shī)非常爱吃油,只要不是咸的,因为吃咸东西它们会肚子疼。

在这个对鸟类来讲最困难的季节里,如果你想接待这些活泼可爱的鸟儿到家里去做客,为了欣赏欣赏它们,你可以这样做:

拿一根小棒子,在小棒子上钻一行小洞,往小洞里灌熟猪油或熟牛油。等小孔里的油脂凝固以后,你就可以把这根木棒放到窗户外面去。最好是挂在窗外的树上。

用不着等多长时间,这些活泼愉快的小客人,就会满怀感激之情前来赴宴。而且为了感激主人的款待,它们会表演各种小把戏给主人看:倒挂、转圈、跳跃、侧翻……

欢迎灰山鹑到我们的草棚里来

为了邀请灰山鹑，人们用云衫树枝在田野里搭了这样的小棚子。

人们还在小棚子里撒一些大麦和燕麦款待它们。

森 林 报

No. 11

饥寒交困月
（冬季第二月）

1 月 21 日——2 月 20 日

太阳进入宝瓶宫

栏 目

一年 12 个月的阳光组诗

1月，用咱们老百姓的说法，1月是从冬到春的转折点，1月是新的一年的开始，冬天则正好过了一半，1月的阳光变得明媚，白天好像兔子跳跃一般变长了。

大地、森林和河面，到处一片银装素裹。整个世界都陷入仿佛长眠似的沉睡。生命，在这个难熬的季节，会巧妙地佯装死亡。草地和丛林都停止了生长发育。但是它们并没有死去。

在积雪的覆盖下，它们看似死气沉沉，其实它们蕴藏着顽强的生命力，准备着继续生长繁育。松树和云杉把它们的种子紧握在小拳头般的球果里，完好地保存着。

冷血动物躲的躲，藏的藏，冻僵了，不动了。但是它们同样没有死。甚至像最柔弱的蚊子的幼虫，也为自己找到了各种不同的隐蔽所。

鸟类的体温特别高，它们是从来不冬眠的。许多动物，甚至像纤小的老鼠，都是整个冬天跑来跑去。而熊在冬季是冬眠的。它们在雪下挖一个洞，在里面舒舒服服地一睡就是几个月。但在正月的严寒时节，熊竟然产下了一窝没有睁开眼睛的小熊，虽然母熊整整一冬自己什么也不吃，但它们仍然会用自己的乳汁来哺育熊宝宝。

森林记事

森林里真冷,太冷了!

冰冷的风在空旷的田野里随意游荡,在森林里尽情肆虐。它在白杨树与白桦树光秃秃的树枝之间穿来穿去。它钻入飞禽紧密的羽毛,把它们的血都吹凉了。

无论在地上,还是在枝头,都没有鸟兽们的立足之地了。到处冰封雪积,小脚爪冻得受不了啊! 必须跑跑、跳跳、飞飞,这样才能略微暖和一点。

有一些动物,为了安全过冬,准备了暖和、舒适的洞穴或巢,还准备了储满食物的仓库,这些动物当然就舒服多了。它可以吃得饱饱的,而且能够把身子蜷缩起来,美美地睡上一大觉。

吃饱了就不怕寒冷

对鸟兽来讲，只要吃饱了，就什么也不怕。 一顿饱饭，能让它们体内发热，血液升温，暖意会由血管传遍全身。 皮下的一层脂肪，是暖和的毛皮大衣或羽绒大衣最好的里子。无论寒风有多么厉害，即使能透过毛皮，钻进羽毛，也绝穿不过皮下的那层脂肪。

如果食物充足，鸟兽们是不畏惧寒冬的。 可是，冬天里到哪儿去找食物呢？

狼在森林里奔走寻觅，狐狸也在森林里奔走寻觅，但林子里空空荡荡的，鸟兽有的藏起来了，有的飞走了。 白天，有一些渡鸦在森林上空打转，晚上，有一些鹰类在高处盘旋。它们都在寻找食物，可是，找不到食物啊！ 冬天留在森林里的鸟兽，感觉饿得慌，饿得慌呀！

争食免费的美餐

乌鸦最先发现一具马尸。

"哇！ 哇！"一大群乌鸦都飞来了，准备落下来吃晚饭。

这时已是黄昏时分，天已经黑下来了，又没有月亮。

忽然，林子里传来一阵凶巴巴的声音："呜咕……呜，呜，呜……"

一只雕从林子里飞出来落在马尸上。乌鸦们吓得飞走了。

雕用嘴巴撕着肉，耳朵抖呀抖的，白眼皮眨巴眨巴，尖尖的喙就朝马肉啄去。可是这时，忽然雪地上发出一阵沙沙的脚步声。雕飞上了树。

原来是一只狐狸直奔马肉而来。狐狸牙齿咔嚓咔嚓一阵响。它还没来得及吃饱，又来了一只狼。

狐狸跑到了树丛里，狼扑到马尸上。它竖起浑身的毛，牙齿像刀子一样锋利。它一边撕扯马肉，一边发出满足的呼噜呼噜声，连周围的声音都听不见了。过一会儿，它抬起头，把牙咬得咯咯地响，意思是：谁也别靠近我！接着，又埋头吃起来了。

忽然它觉得不对劲儿了，在它头上传出一声怪叫，这个声音险些没把狼吓趴下，就赶紧夹起尾巴，一溜烟就逃走了。

原来是森林的王者——熊，大摇大摆地过来了。

这回可谁也休想走近了。

黑夜快过完了，熊也吃饱了，然后它就心满意足地回去睡觉去了。狼可是夹着尾巴，一直静候着呢！

熊走了，狼来了。

狼吃饱了，狐狸来。

狐狸吃饱了，雕又来了。

雕吃饱了，这时乌鸦才敢重新飞拢来了。

就这样，一个尾随着一个，一直到天亮，这顿免费的美餐才被吃得一干二净，只剩下一点残剩的骨头。

植物的芽怎么过冬

现在，所有的植物都还处于休眠状态，可是它们都已经准备好了迎接春天的到来。在这个季节，它们为了早日破土而出，感受温暖的阳光，已经开始孕育自己的芽了。

这些芽是在哪里过冬的呢？高大的树木的芽，高高的在地面上空过冬。而小草育芽的地点则是各有各的特点。

例如林繁缕的芽，是在枯茎的叶脉里度过冬天的。几乎在整个冬天，这种小草的茎都是活着的，充满生机的，而且始终呈现着特有的绿色。只是它们的叶子在秋天就枯黄了，整棵植物外表看上去，就好像死了似的。

触须草、卷耳草以及许多生长在阔叶林里的低矮小草，它们不仅在积雪下保全了芽，而且还把自己保存得完整无恙，准备来年春天再次返青。

如此看来，这些小草的芽，都是在地上过冬的，尽管它们离地面并不远。

另外，需要提到的是，其它某些草本植物的芽，它们过冬的方式跟各种草儿们是迥然不同的。

去年的艾蒿、牵牛花、草藤、金梅草等，这会儿除了那些几近腐烂的茎叶以外，在地上看上去，几乎什么也没留下。

如果你想找到它们的芽，只要你在紧挨地面的地方仔细寻找，就一定能够找得到。

草莓、蒲公英、三叶草、酸模、蓍（shī）草等，也把芽埋在土里过冬，不过，这些芽有小小的绿色的叶簇包裹着。这些草本植物也会在即将春天到来，冰雪融化之前就出土返青。

鹅掌草、铃兰、舞鹤草、柳穿鱼、狭叶柳叶菜、款冬等的芽，在根状茎上过冬；野蒜和顶冰花等利用的是地下鳞茎；紫堇的芽在小块茎上过冬。

数千万年以来，生长在陆地上的植物的芽，就是这样被保存下来的。那些水生植物的芽呢？它们是把自己的芽深埋在池底或湖底的淤泥里来度过冬天的。

山雀在小木屋里啄食

如果说对人和动物来讲，最可怕的事情是什么？我想毫无疑问，是饥饿。因为一旦发生饥荒，便意味着没有食物；没有食物就意味着生命将要走向枯竭；生命走向枯竭就意味着就要面临令人恐怖的死亡。

在饥饿难熬的冬天里，各种野生动物都苦苦地忍受着，它们不得不面对这巨大的生存压力，这是一场残酷的生存考验。这个季节你所看到的动物，除了极少数适宜在冬天生活的物种，绝大多数都不如其它季节肥大，毛色也不比从前光亮。

甚至它们的眼神也都变得失去了动物本该具有的神采。 这一切全因饥饿造成。

为了能够继续生存下去，动物们出于求生的本能，都不约而同地往人们的住宅附近凑。 因为只有这种地方获取食物比较容易，哪怕仅仅依靠人们扔掉的垃圾也可以存活。

饥饿或许只有一样好处，让鸟儿和野兽们一时间忘掉恐惧，因为此时它们心里想的只是食物。 这些本来天生就很小心、谨慎的森林居民们，当更可怕的饥饿袭来的时候，突然间也变得不再怕人了。

黑琴鸡和灰山鹑徘徊了很久，它们最终找准了时机，趁人不备，偷偷地跑到打谷场和谷仓里来。 在这里，它们可真是美美地饱餐了一顿。 吃完东西，两个小贼又重新潜回原处，等待下一次机会，再度饱餐。

灰兔则开始频频出现在人们的菜园里。 在人们的地下室里，也会有银鼠和伶鼬跑进去捉老鼠吃。 欧兔呢，它会跑到村边的干草垛里来津津有味地啃食干草。

有一次，有一只漂亮的山雀也是由于饥饿的缘故，毫不畏惧地飞进我们《森林报》通讯员们搭建在林子里的小木屋。它的羽毛是黄的，白颊，胸脯上有黑条纹，看上去是那么的漂亮。它居然敢旁若无人地跳到餐桌上，一心只顾啄食餐桌上的食物屑粒，而没考虑到自身的安危。这使我想起了人们常说的一句话"人为财死，鸟为食亡。"

不过，这只可爱的山雀，却是幸运得多。它此次行为却没给它招致杀身之祸。

当它来到餐桌大胆地啄食时，房间的主人就关上门，于是这只山雀暂时成了人们的俘虏。

它在小木屋里整整住了一个星期。没人去惊动它，也没人去喂它。但是奇怪的是，人们发现它竟然一天比一天胖。它一天到晚满屋子里寻食吃，它捕捉蟋蟀，寻找躲在缝隙里的苍蝇，啄食人们的食物残渣。夜晚就睡在俄式壁炉后面的裂缝里。

几天以后，小屋里所有的苍蝇、蟑螂之类的昆虫都被它吃光了，它便开始啄起面包来。它似乎自己并没意识到自己是个俘虏，而快乐地把这里当成了它的小王国。随心所欲，衣食无忧。再后来，书呀，小盒儿呀，软木塞呀等等都成了它啄食的对象。它只要看到什么，就啄什么。

无奈之下，房主人只好打开房门，从小屋子里放走了这只小小的不速之客。

巧妙地狩猎

一大早，我跟着爸爸去打猎。 这是一个严寒的冬季的早晨。

我们发现，在雪地上有很多动物的脚印。 爸爸对我说："这是动物们新踩出来的脚印，离这儿不远，一定会有一只兔子在等着成为我们可口的午餐。"

接下来，爸爸根据以往的打猎经验，做了一些必要的安排。 爸爸先让我沿着兔子的足迹，一直往前走，而他自己则等在那儿，原地不动。

兔子家庭的成员都有这样一种习惯：假如它们被人从躲藏的地方撵出来，总是要在外面转上一个圈子，然后顺着自己的脚印往回跑。 我们很难理解这种行为是好是坏，也没必要去加以深究。 毕竟，每种动物都有它与生俱来的独特之处。

我按照爸爸的要求，沿着兔子的足迹往前走。 脚印多得

很，我一直往前走。 不一会儿，我就把兔子给撵出来了。

受到惊吓的兔子跑出来以后，果然在外面绕了个圈子，然后就踩着自己原来的足迹往回跑了。 我焦急地等待枪声。

一分钟过去了，又是一分钟……突然，在静寂中发出一声枪响。 我赶紧朝枪响处跑去，看见了爸爸。 一只兔子躺在离他大约 10 米的地方。 我急忙过去，把兔子提了起来，我们就带着这个猎获物回家了。

●本报通讯员　达尼连科夫

成群饥饿的野鼠搬出树林

到了这个月，有许多林中的野鼠粮仓里已经缺粮了，于是就纷纷离开自己的洞穴，它们搬家的同时也是为了躲避白鼬、伶鼬、鸡貂和其他食肉动物的追捕。

但是，这时大地和树林都被白雪覆盖着，没有什么可供它们啃食的，所以成群饥饿的野鼠就搬出了树林。 这些野鼠将对村子里的粮仓构成严重威胁，得随时警惕着。

伶鼬等也会跟在野鼠后面追过来。 但是，伶鼬太少了，它们捉不光、消灭不完所有的野鼠。

请村民们保护好自己的粮食，别让啮齿动物来打劫！

交喙鸟的秘密

现在，所有的森林居民都正在饱受严冬的折磨。 森林中的法则就是这样：冬天，寒冷，食物严重缺乏。 动物们要千方百计地逃过寒冷和饥饿，至于养育下一代，在这个季节就想都别想了；夏天，天暖，食物也充足，那才是该做这项工作的时候。 总之，没有哪个父母希望看到自己的儿女饿着肚子吧。

但是，对那些在冬季里同样有足够食物的森林居民来讲，就完全没有必要遵守这个法则了。

有一次，森林通讯员在一棵高大的云杉树上，找到了一个小鸟的巢。 在这棵云杉树的树枝上积满了厚厚的一层雪，巢里却有几个小小的正在孵化的鸟蛋。

第二天，森林通讯员又一次来到这个地方观察。天冷得简直能要人命，人们的鼻子被冻得通红。呼出的气息，瞬间就凝结起来。头发、眉毛、睫毛、胡须等，都布满了白色的霜。

不过，尽管如此冷的天儿，也没能减少森林通讯员的工作热情。他们想，这么冷的天，鸟蛋会不会早就冻破了，还能孵出小鸟来吗？

他们带着强烈的好奇心，往鸟巢里看去，呀！居然有几只幼雏孵化出来了。

"瞧啊，它们正在父母搭建的小巢里安详地睡觉呢。"它们一个个赤裸着小身子，躺在雪当中，眼睛很自然地紧闭着。显然，它们还没长到该睁开眼睛的时候。

为什么会发生这种怪事呢？其实对于了解鸟类的人来说，这一点也不奇怪。这是一对交喙鸟。它们在云杉树上筑了巢，里面是刚刚孵出的雏鸟。

交喙鸟具有这样一个特点：既不怕冬天的寒冷，也不怕冬天的饥饿。

我们全年都可以在森林里看到这种鸟。它们往往成群结队地出行，并兴高采烈地互相呼应着，从这棵树飞上那棵树，从这片林子里飞到那片林，乐此不疲。

然而，它们一年四季却过着流浪的生活，今天在这里，明天在那里。自这种鸟类在地球上出现以来，就一直以这种方式生活着，繁衍着。

春天，大部分的鸣禽都是成双成对地给自己寻觅一个固定的居所，固定下来，直到孵出雏鸟。可是交喙鸟却不同，它们即使在春天里，也成群结队地到处乱飞，在哪儿也不耽搁多久。这也是它们特有的习性。

在它们的热闹、流动的鸟群里，我们同样全年都可以看到这样一种现象：老鸟总是和年轻的鸟们在一起。它们的雏鸟，就好像是在空中一边飞，一边诞生的。

在我们列宁格勒，交喙鸟还有一个美称，叫"小鹦鹉"。人们之所以赋予它们如此称谓，是因为它们除了像鹦鹉一样鲜艳多彩外，也能像鹦鹉一样，在细木杆上攀着，爬上爬下，转来转去。动作轻巧优美。

交喙鸟的羽毛因性别不同而不同。雄性交喙鸟是橙红色的，颜色有深有浅；雌性交喙鸟和幼鸟的羽毛都是绿色和黄色的。

交喙鸟的爪强劲有力，善于抓握，嘴很会叼东西。它们喜欢头朝下、尾朝上，用脚爪攀住上面的细树枝，用嘴衔住下面的树枝，头朝下倒挂在树上。因此，我们常常能欣赏到鸟儿表演的空中杂技。

但有一点令人们感到奇怪不已：这种鸟儿死后的尸体在很长时间里都不会腐烂。假如死的是一只老交喙鸟，那么它的尸体，假如没有人去动的话，就可以一直在原地躺上20年，连一根羽毛都不掉。而在这期间，你也不会闻到一丝腐臭的气味，就像一具木乃伊。

交喙鸟的嘴也相当有意思，在鸟类家族中，除它以外，任何鸟都没有它们这样的嘴。它的嘴上下交叉着，上半片往下弯，下半片往上翘。交喙鸟之所以如此有力，身上有那么多神奇之处，全靠它这张嘴巴；它的一切的奇迹，也都可以从这张嘴巴上得到解答。

交喙鸟刚孵化出来的时候，嘴巴也是直溜溜的，跟其他所有的鸟儿没什么两样。但是等到这种鸟略微长大一点之后，就开始用它的嘴啄食云杉球果和松树球果里的种子了。这个时候，小鸟的喙还是比较软的。在掏取种子的过程中，它的喙就逐渐弯曲交叉起来了，成了十字形，这种形状就这样一直保持着，伴随鸟类的一生。这样独特的嘴巴对交喙鸟来说很有好处，使它能够随心所欲地从各种球果里往外掏取种子。

这样，我们就明白它的嘴为什么是上下交叉着的了。

另外，为什么交喙鸟一生都在各个林子里到处流浪呢？它们这样做，是为了寻找球果最多的地方。今年，我们列宁格勒省内的球果丰收，交喙鸟就到我们这儿来。如果明年在北方的某一个地方松树、杉树硕果累累，那它们肯定就会飞到那里去。

为什么在严冬季节里，交喙鸟照样歌喉嘹亮，并且能够孵雏鸟呢？

这个问题的答案也很简单。冬天，四下里都是球果，它们为什么不欢唱，为什么不孵雏鸟呢？它们的巢是那么暖和，里面有绒毛，有羽毛，既柔软，又滑润。雌鸟一生下头一个蛋，就不再出巢了。所有食物都是雄性交喙鸟飞到外面去打回来的。

雌性交喙鸟呆在巢里，经常给蛋保温。等雏鸟出蛋壳后，做母亲的就精心地喂养它们。雌鸟先是把杉树或松树在嗉囊里弄软，然后吐出来喂它们吃。好在一年四季树上都有松果。

一对甜甜蜜蜜、情投意合的交喙鸟如果想盖起小房子，生儿育女，这时它们就离开鸟群，不管那时是冬天，还是春天，在一年的12个月里，都能在林子里看到交喙鸟的巢。等雏鸟长大一点，整个家族又飞了回来，加入鸟群中。

那么为什么交喙鸟死后会变成木乃伊呢？这全是因为它们吃球果。在松子和云杉子里面，有大量的松脂。一只交喙鸟一生要吃掉很多树脂，等到它老死以后，不叫它们的尸体腐烂的，也就是松脂。

埃及人就是把诸如树脂一类的东西涂抹到死者的身体上，使死尸变成木乃伊的嘛。

狗熊找到了好洞穴

晚秋时节，一只狗熊在一座生长着密密匝匝的小云杉的小山坡上，给自己选好了一块地方。

这个小山坡整个由一些幼小的云杉组成的树丛覆盖着。它用脚爪抓下许多窄长条的云杉树皮，送到小山上一个坑里，然后在上面铺上柔软的兽毛，这就是一个舒舒服服的床了。它又啃倒了坑周围的一些小云杉，盖在洞穴口上，这样，洞穴就有了一个"屋顶"。自己钻进去，就能安安稳稳地睡着了。

但是没过一个月，它的洞就被猎狗找到了，它好不容易才逃脱了猎人的枪口。此后，它只好径直睡在雪地上。可就是这样，还是被猎人发现了，它又是九死一生地逃得性命。

于是它第三次躲起来。这回，它藏的地方可好啦，谁也不会想到在哪儿能够找到它。

直到第二年春天，才真相大白：原来它高高地爬在树上睡了一大觉。这棵经历过暴风雨洗礼的高大树木，树冠直指天空，树干以前不知什么时候被风暴吹折过，倒着生长，形成一个坑，像一个天然的洞穴。 夏天，大雕把干枝和软草叼到这里来，铺在里面，孵完雏鸟，又飞走了。 而在冬天，这只被猎人们惊吓坏了的熊发现了这个空中"洞穴"，于是爬上去，在这里安安稳稳地度过了一个冬天。

都市新闻

为鸟类提供免费食物

各种鸣禽在这个季节饱受饥寒之苦。心肠慈悲的城里人，给它们开办了免费食堂，救助这些鸟类。

他们在花园里或者直接在自家的窗前放置各种食物，让这些鸟类来享用。有的人把小块面包、牛油什么的用线拴起来，挂在窗户外。有的干脆在花园里放一个小筐，里面放上粮食和面包。

各种山雀，普通的、苍头的、斑点的，甚至比较珍贵的朱顶雀和黄雀，许多冬天的别的小客人，就成群结队地到这些免费食堂来。

学校里都有森林园

苏联的学校里都有自己的森林园。在这些园地里放置着很多箱子、罐子、笼子，里面养着的都是各种各样的小动物。这都是孩子们夏天到郊外游玩时捉来的。现在，为了伺候这些小动物，孩子们可是忙得不可开交了：得让所有的房客吃饱喝足，要给每一个房客安排一个适合它居住的住宅，要看护好它们，别让它们跑掉。这里有鸟儿，有兽儿，有蛇，有青蛙，还有昆虫。

在一所学校里，我们看到了孩子们在夏天写的日记。看来，他们收集动物是有意义的，不是随随便便收集着玩的。

一个孩子在 6 月 7 日的日记里写道："我们贴出一张宣传画，号召大家把收集到的动物，都交给值日生。"

一个值日生在 6 月 10 日写道："屠拉斯带来一只啄木鸟。米龙诺夫带来一只甲虫。加甫里洛夫带来一条蚯蚓。雅科甫列夫送来的是一只瓢虫和一种经常在荨麻上活动的小甲虫。包尔切带来一只鸟笼，里面有一只雏鸟……"

这样的日记几乎每天都有。

"6月25日，我们远足到池塘边去。 我们捉到许多蜻蜓的幼虫和别的虫子。 同时，我们还捉到了一只蝾螈（róng yuán），这是我们非常需要的东西。"

有的孩子甚至还把他们捉到的动物描写了一番：

"今天我们捞到了很多水虫，同时还捉到了几只青蛙。青蛙有4只脚，每只脚上有4个脚趾头。 青蛙的眼睛是黑色的，而鼻子仅仅是两个小孔。 青蛙的耳朵很大。 青蛙对人有很大的益处。"

到了冬天，孩子们还合伙从商店里购买一些我们这里根本没有的动物，如乌龟、金鱼、天竺鼠、羽毛鲜艳的鸟什么的。

走进孩子们养殖动物的房间，你就可以看到，房客有的是毛茸茸的，有的是光溜溜的，有的生着羽毛。 动物们的叫声也高低长短，各不相同。 有的尖叫，有的啼啭，有的哼唧，简直就是个真正的动物园。

孩子们还想出了一个主意：交换彼此的房客。夏天，有一个学校的学生捉到许多鲫鱼，而另一所学校的孩子们养的家兔繁殖得很快，多得没处放了。 于是，两所学校的孩子们就拿这些东西进行交换：4条鲫鱼换1只家兔。

这都是低年级学生干的有趣的事。 高年级的学生们都有自己的组织，每一所学校都有所谓的"少年自然科学家小组"。

在列宁格勒的少年宫里，也有一个小组。这里聚集着来自全市各校的最优秀的少年自然科学爱好者。在这儿，少年动物学家和少年植物学家，学习怎样观察和捕捉动物，怎样呵护自己养殖的动物，如何制作动物标本，如何采集、晾晒和制作植物标本。

整个学年，小组组员们常常到城外，到各地去远足。一到暑假，他们整个团队全体成员就一起出发，到远离城市的地方去考察。

他们在那儿要住上整整一个月，每个人都有自己的工作：研究植物的组员收集各种植物样品；研究哺乳动物的组员捉老鼠、刺猬、鼩鼱、小兔子和其他小野兽；研究鸟类的组员四处去寻找鸟巢，观察鸟类的生活；研究爬虫类的组员捕捉青蛙、蛇、蜥蜴、蝾螈；研究鱼类的主要任务是捕鱼；昆虫学组组员捕捉蝴蝶、甲虫，研究蜜蜂、黄蜂、蚂蚁什么的。

这些孩子们从小就研究米丘林的学说，他们在学校实验园地上开辟了培育各种树苗的苗圃。园地虽然不大，可孩子们每年的收获却是相当喜人的。

与此同时，他们都有一本详细的日记，记下自己的观察结果和工作。

他们冒着风雨，踏着晨露，忍着酷暑，从事着观察和研究

工作。 田野、草地、江河、湖泊和森林以及集体农庄庄员们的农活等等，都逃不过少年自然科学家们观察的眼睛。 他们努力研究着我们祖国丰富多彩的生物资源。

在我国，未来的科学家、勘探工作者、猎人、自然改造者正在成长起来。 一代改造大自然的新人将出现在我们面前。

祝你钓到大鱼

真是奇事！ 冬天也照样能够钓大鱼！

因为在冬季的河湖里，并不是所有的鱼都像鲫鱼、冬穴鱼、鲤鱼那样懒，这些鱼几乎完全处于休眠状态，在水里一动不动。 许多种鱼在寒冬三九天的时节睡觉；江鳕鱼，在整个冬天照样游来游去，甚至还产卵。 法国人有句俗语说："睡觉睡觉，不吃也饱。"那么不睡觉的，当然就得吃东西了。

钓冰底下的鱼，钓得最好的、最多的，是用金属制的小鱼形鱼钩钓鲈鱼。 但是最难的事情，是找到鱼的冬季栖息地。在不熟悉的江河、湖泊上钓鱼时，只好根据某种迹象来判断，一旦确定了栖息地，你就可以在那里的冰面上打一个小洞试一下鱼是否上钩。

表明有鱼的迹象是这样的：

如果一条河在一个悬崖峭壁下面拐了一个急弯，这里的河下可能有个深坑，天冷时，鲈鱼成群结队聚集到这种地方来。如果有一条林中小溪流入湖泊或者河流，那在比湖口或河口稍低的地方，应该有个坑。 芦苇只生长在水浅的地方，凹下去的深坑都是从芦苇丛外开始的。 芦苇丛后面，无论是湖泊还是河流，在这种地方，也容易找到鱼群的聚集地。

钓鱼人可以用木柄铁梃在冰上凿一个 20 至 25 厘米宽的小洞，把鱼钩放进洞里。 金属制小鱼形鱼钩拴在细筋或棕丝上。 先把它垂到水底，探探那地方水有多深。 接下来就一次次地上下移动鱼钩，移动的幅度不必过大，无须到底。 鱼钩在水里漂动着，非常显眼，忽闪忽闪的，像条活鱼似的。 淡水鲈鱼生怕到嘴的美味跑掉，就一直朝鱼饵扑来，把假小鱼连鱼钩一起吞到肚里。 如果经过一段时间，没有一条上钩的鱼，钓鱼人就换个地方，到别处去凿新的冰窟窿。

如果你想捕捉的是夜间还在四处游动的江鳕鱼，就要用冰下捕鱼具来捉。

所谓冰下捕鱼具，就是用一根大绳子，上面拴上 3 至 5 根小绳子。 小绳子可以用丝线或者马鬃编成，每根线绳之间的距离是 70 厘米。 小绳子的一端拴着鱼钩，鱼钩上的食饵，是小鱼、小块的鱼肉，或者蚯蚓。 绳子的末端拴上一块重物，把它固定在水底。 这样，在水下游动的江鳕鱼就会一个接一个地来咬鱼钩上的钓饵。 绳子的上端拴一根棍儿，把棍儿架在冰窟窿上，一直留到第二天早晨。

捕捉江鳕鱼的好处在于，用不着像钓鲈鱼那样长时间地在河上挨冻。 只需第二天早晨把那条绳子拉上来就可以了。 来到冰窟窿前，把棍儿提起来看时，绳子上已经吊着一条很长的大鱼了。 它体形很长，皮肤滑腻，两侧扁平，身上有像老虎一样的条纹，下巴上有根须子。 这就是江鳕鱼。

冬季捕获大型野兽

冬季正是捕获大型野兽狼和熊的好时候。

冬季已经接近尾声，是森林里饥荒闹得最厉害的时候。饿急了的狼胆子变大了，它们成群结伙到处徘徊，甚至敢于直接逼近村庄。 熊呢，有的躺在洞里睡觉，但是也有一些在林子里东游西荡。 这些"游荡熊"，一般是在晚秋的时候吃足了动物的尸体或者村子里的家畜，没来得及做好冬眠的准备，只能以雪地为家。 而那些在洞里受到惊扰、逃出来的熊，它们不敢回旧洞去，于是加入了"游荡者"的行列。

猎"游荡熊"时，要穿着滑雪板，带着猎狗去追。 只要前面的猎物不停下来，狗就会踏着深雪一直追下去。 猎人穿着滑雪板，紧跟在猎狗后面。

捕获大型野兽可不是打鸟，常常会发生意外，有时甚至可能捕获不成，猎人倒被猛兽给伤害了。

在本州的诸多猎事中，就发生过这种事儿。

带着小猪猎狼发生不幸

单枪匹马，深夜出行，这种打猎方式其实是很危险的。你见过这么勇敢的人吗？ 有一天，真就出现了这样一个大胆汉。

在一个圆月当空的夜晚，他在自己又宽又矮的雪橇上套上一匹马，带好猎枪，赶着雪橇，出了村子。 在雪橇上还放着一个口袋，口袋里装着一头小猪。

最近一段时间里，民居周围常常有狼出没，农民已经不止一次抱怨：

"这狼可真够可恶！"

"它们居然敢肆无忌惮地跑到村子里来为非作歹。"

村民的话，猎人全记在心。 想着，一定找个机会，把这些害人的狼给消灭掉。 否则，都有辱我这个猎人的身份。

猎人在这晚走出村子后，就离开了大道。 他悄悄地赶着雪橇，沿着森林的边缘，一步步朝着荒地走去。

他一只手紧握着缰绳，一只手不时地扯两下小猪的耳朵。

这头小猪的四条腿被紧紧地捆着，它躺在麻袋里，只露出个脑袋在麻袋外。 你一定要问，从没见过猎人打猎还带着小猎的。 这你就有所不知了。 猎人之所以要带上小猎，是安排小猪完成一个重要的任务，这也是他猎狼过程中最重要的一个环节，就是用小猪的叫声把狼吸引过来。

它拼命地叫唤，因为小猪的耳朵很娇嫩，揪一下当然很疼了。

并没有等太长时间，猎人就看到，林子里好像亮起一盏盏绿色的小灯。 这些绿光在黑漆漆的树干之间不停地移动，一会儿在这里，一会儿在那里。 这是野狼的眼睛在放光。

马仰起脖子，朝着前面嘶叫起来，猎人好不容易用一只手勒住它。 另一只手还必须不停地揪小猪的耳朵。

狼还不敢往坐着人的雪橇上扑。 不过小猪的叫声却让它们一时间忘记了恐惧。 小猪肉是多么好吃的东西呀！ 当一头小猪就在它耳边嚎叫时，狼就会把危险忘掉了。

这群狼看到，有个麻袋，被一根长绳拴着拖在雪橇后面。 由于道路高低不平，这个拴在雪橇后面的口袋在不停地颠簸。

这个口袋里装的是干草和一些猪粪，但是狼以为麻袋里装的是小猪，因为它们既听到了小猪的叫声，又闻到了小猪的气味。

最后，这群狼终于下定决心了。

它们从林子里蹿出来，全体一起向雪橇扑了过去。 这群

狼个个身强力壮，大约有七八条。

狼群蹿到了开阔地上，猎人从近处望去，觉得它们个儿很大。 这是月光造成的假象。 月光在狼毛里闪烁着，使那些野兽显得比实际上大得多。

猎人把手从猪耳朵上腾出来，抄起了猎枪。

跑在最前面的一只狼，已经追上那个跳动着的、装着干草的麻袋。 猎人瞄准这头狼肩胛骨下面的方位，叩响了扳机。

狼一头栽倒，在雪地上来了个就地十八滚。

猎人又朝另外一头狼开了第二枪，但这时马儿向前一冲，枪弹打了个空。 他双手抓着缰绳，好不容易才把马儿勒住。

但是这时，狼群已经消失在森林里了，只剩下一只躺在那里，临死前在痉挛着，用后脚乱刨着雪。

这时，马已经安静下来。猎人把枪和小猪留在雪橇上，独自前去收取自己的战利品。

就在这一夜，村子里发生了一件令人震惊的事：猎人的马独自个儿跑回来了，猎人不见了。宽大的雪橇上，只放着一把双筒猎枪和那头被捆得很紧的小猪，小猪还在哀声哀调地尖叫着。

事情原来是这样的：

猎人拿起那头死狼，扛在肩上，就朝自己的雪橇走去。当他快走到雪橇跟前时，马闻到一股狼味儿，吓得打了个哆嗦，向前一冲，于是不顾一切地跑掉了。

现在，这个猎人除了身上那头狼，什么也没有。他身上连把刀都没带，猎枪放在雪橇上被马拉走了。

见此情景，群狼这时已经不再害怕了，它们一下子从林子里蹿出来，把猎人围了起来。

后来，村民们在雪地上只发现了一堆骨头——人骨头和

狼骨头。那群狼，竟然把被击毙的那个自己的同类也吃掉了！

这件事发生在 60 年前。打那以后，再也没听说过狼袭击人的事件。如果不是发疯或者受伤的狼，那么，就是见了没带枪的人，狼也会害怕的。

被熊抓掉头皮的猎人

还有一件不幸的事，是在捕猎一头熊时发生的。

一个森林看守人发现一个熊洞，于是他们从城里叫来了猎人。他们带了两只北极犬，悄悄地来到一个雪堆前。这个雪堆下面就是那个熊洞，一头熊正在里面冬眠。

猎人按照打猎的常规，站在雪堆的一边。他知道，熊洞的出口一般都是朝着日出的方向。通常，熊从雪底下蹿出来的时候，它会马上向右转一个弯，直接朝南奔去。猎人站的地方，需要恰好可以举枪射穿它的心脏。

这时，森林看守人躲到雪堆后去，解开了两只猎狗。猎狗闻到了熊的气味，疯狂地朝熊洞奔去。

它们的叫声那么大，熊不可能不给吵醒。但是过了很长时间，一点动静都没有。

正在大家惊异的时候，突然从雪里伸出一只有长爪的大黑脚掌，险些抓住一只猎犬。幸好这只猎犬反应快，尖叫一声就慌忙躲闪。

说时迟，那时快，猎人还没有完全反应过来，熊猛地从雪堆里冲出来了，活像一个乌黑的小土山。 但是它一反常态，并没有往旁边跑，却径直朝猎人扑过来了。

熊是低着头往前跑的，这样，可以遮住它的胸脯。

无奈之下，猎人放了一枪。 子弹虽然射中了熊的前额，但没有射入，而是向一旁滑过去了。

熊脑门上挨了这么重重的一下子，可气疯了，它一下子把猎人撞倒，并把他踩在了脚下。

两只猎狗死命咬住熊的屁股，攀在它身上，但是并没有起到什么作用。

森林看守人吓坏了，一边高声大喊，一边挥动手里的猎枪。 但是白费力气。 因为这时不能开枪，一开枪就可能打中猎人。

这时，熊用它那可怕的脚掌一抓，就把猎人的帽子抓了下来，同时也抓掉了他的头发和一部分头皮。

紧跟着，熊向旁一歪，大吼大叫地在染血的雪地上打起滚来，原来这个猎人毕竟经验丰富，胆大心细。 他并没有惊慌失措，而是趁机拔出身边的短刀，戳进了熊的肚皮。

这个猎人现在还活着，那张熊皮就挂在他的床前，只是现在猎人的头上老包着一条暖和的头巾。

惊险围猎巨熊

1月27日，老猎人塞索伊奇从森林里打猎出来后，他并没有打算回家，而是径直走到邻近村里的邮局，他要赶紧给列宁格勒的一个熟人发一封重要的电报。

他那位熟人是一位医生，也是个远近闻名的猎熊专家。

电报的内容是这样写的："找到熊洞，速来！"

第二天上行，老猎人就收到了及时回电："2月1日，我们三人准到。"

在他们三人到达之前的这几天里，塞索伊奇每天都要去察看几遍熊洞。那只体态庞大的熊，在洞里面睡得正酣，对猎人的频频光顾根本就毫无察觉。或许真的是这只熊太老了，耳朵失灵了？还是这只熊太自以为是，认为自己的洞穴隐蔽得简直就是天衣无缝，别人根本无法发现？

总之，熊终归还是熊，它永远也不可能想到的一点就是：在熊洞前的小灌木上，每天都会结有一层新鲜的霜花——这明显是熊呼出来的热气结成的。这也就意味着它在告诉人们：我就住在这里，你们可以随时找到我。

1月30日，塞索伊奇察看过熊洞之后，正走在回家的路上，他遇到了本村的两个年轻的猎手安德烈和谢尔盖。这两个猎人是要到森林里去猎灰鼠。塞索伊奇想警告他们，不要到有熊洞的那块地方去，但是后来他又突然改变了主意。他马上想到：两个小伙子年纪轻轻的，好奇心强，凡事都要探个究竟。 要是让他们知道了这件事，可能会想去熊洞那里看看，逗逗熊什么的，这样的话就极有可能坏了大事。 于是他没再言语。

第二天，也就是 31 日早晨，他又来到熊洞旁察看时，不由得暗叫一声"不好"：熊洞毁了，熊已经跑了！ 在离熊洞大约 50 步远的地方，放倒了一棵树。 大概谢尔盖和安德烈两个莽撞的年轻人把灰鼠打死在树上，死灰鼠被树枝给挂住了，他们够不着，于是就把这棵树放倒了。 结果，熊被吵醒，跑掉了。

他仔细查看了两个年轻猎手所穿的滑雪板离开时的痕迹，以及熊跑掉时留下的足迹：两个猎人的滑雪板的滑道，向砍倒的松树这一边通去；从洞里跑出来的熊脚印，向砍倒的松树另一边通去。 还算万幸，在浓密的树丛中，并没发现追赶的迹象。 两个猎手并没有发现这只熊被惊扰，并在他们的眼皮底下大摇大摆地跑掉。 所以他们才没有去追赶。

塞索伊奇一会儿也没有耽搁，赶紧沿着熊逃跑的足迹追过去。

第二天晚上，三个列宁格勒人准时来到塞索伊奇的家中。他们当中有一个医生，一个上校。 跟他们一起来的还有一个人，高高的个子，看起来很傲慢的样子，有两撇乌黑油亮的胡须和一把修得很光洁的美髯。

塞索伊奇从刚见到他的那一刻，就不大喜欢他。"瞧他这个油头粉面的样儿，"小个子猎人盯着这个陌生人，心里想道，"看样子年纪不轻啦，可还是红光满面的，胸脯也挺得像公鸡。 头上连一丝白发都没有，看起来反倒让人觉得心里不舒服。"

让塞索伊奇感到最不愉快的是，要在这位庄严的城里人面前承认，自己没有看护好那只熊，让它跑了，错失了堵洞捉熊的机会。 不过他还是认真地、实事求是地说，熊现在藏躲的那片小树林已经找到了，还没有发现熊走出林子的迹象。 当然，这会儿熊一定躺在雪地上了。 看来现在只能用围猎的方法来捕捉它了。

这个傲慢的陌生人听到这个消息，表现出非常瞧不起人的样子，他先是皱了皱眉头。 不过他还是问了问，这头熊个子是不是很大。

"脚印子可不小，"塞索伊奇说，"我敢担保，不会少于两百公斤。"

这时，那个傲慢的家伙听了，就耸着跟十字架一样直的肩膀，连瞧都不瞧塞索伊奇一眼，说："你是请我们来掏洞打熊的，可现在又说必须要围猎。 围猎的人会不会把熊往开枪人跟前撵，还是个问题呢！"

这个让人感到屈辱的问题一下子刺痛了小个子猎人。 不过，他并没有吱声，只是在心中暗暗地想："我们当然有把握把熊赶到你们的枪口上，我看你可得留点神，别叫狗熊把你这一脸傲气给撵跑了！"

事不宜迟，大家开始讨论起围猎的方案来。塞索伊奇并没有忘记随时提醒他们："打这样大的野兽，每一个猎人后头，都必须得安排一个射击很准的人做后备，这样可以做到有备无患。"

可那个傲慢的人并不赞成，他说："谁要是不相信自己的枪法，那就不应该去猎熊。更何况，这样做等于给猎手雇了一个保姆看护着，需要保姆的猎手还叫什么猎手！"

"好大胆的汉子！"听了这话，塞索伊奇心里又暗自想着。就在这时，一向从不轻易说话的上校开始发言了，他语气很坚定。他说："小心无大差，这样做总是不会有错的，何况，有个后备射手并不碍什么事。"医生也表示出极力赞同上校的意见。

傲慢的家伙露出无奈的表情，但仍然是一脸瞧不起人的样子，耸了耸肩，说："你们胆儿小，就听你们的吧！"

第二天一大早，离天亮还早着呢，塞索伊奇就迫不及待地叫醒了其它三个人。

把他们叫醒后，他又跑到村里去，目的是找那些围猎时能够帮助驱赶熊的合适人选。

当他从村子里回到小木房里时，他看到，那个傲慢的家伙手里正摆弄着两把心爱的猎枪。他亲眼看到那家伙是从两个精致的小匣子里面取出来的。这只小匣子灵巧轻便，倒像个一般人用来装提琴的匣子。塞索伊奇的眼睛顿时睁得大大的：啊！这么漂亮的猎枪，我可是从来都没有见过。

他站在那里好久，一直贪恋地欣赏这难得的好枪。

这个傲慢人摆弄了一阵猎枪，就又把枪收拾好，放到了一边。 然后从那精致的匣子里取出亮晶晶的弹筒，里面整整齐齐地装着钝头的和尖头的枪弹。

他一边忙乎，一边向医生和上校夸耀自己的这些东西。说他的枪有多么多么精致，枪弹有多么多么厉害；又说他曾经用这两把上等的猎枪在高加索打死过野猪，在远东地区打死过老虎等等。 天知道，他说的这些话是真是假。

塞索伊奇虽然脸上不动声色，可心里却觉得自己仿佛突然间变矮了，甚至比它现在的矮个更矮了。 他实在是想挨近一点，再挨近一点，好好地瞧瞧这两管好枪。

他羞愧于自己见识的短浅和贫穷。 作为一个猎人，他没有足够的金钱来购置这样的好猎枪，内心里说不清是什么滋味。

他觉得自己站在这个傲慢的人的面前显得实在有点寒酸。他都没敢向对方提出把枪递给自己看看这样一个小小的要求。当然，他也是担心，那个傲慢至极的家伙是否会借此嘲笑或者讥讽他，那一定会让自己更加难堪的。 他总是考虑得如此周到。

天刚蒙蒙亮，天空偶尔还可见到眨着惺忪睡眼的星星。从集体农庄里出来一长队载重雪橇，他们一行四十几人，一齐向森林里进发了。

队伍浩浩荡荡，远远望去，场面壮观。 比以往任何一次狩猎阵容都要强大。

塞索伊奇坐在最前面的雪橇上，就像一位英勇善战的老将军。

他想起了当年的一次打猎，人数也很多，只是武器远不如现在的猎枪。那时候，他也是一个年轻莽撞的小伙子，但他胆大心细，对任何新鲜事物都表现出浓厚的兴趣，尤其是打猎。每次打猎他都一副踌躇满志的样子，就像一名即将出征的战士。也正是这一性格特点，使他在打猎生涯中锻炼了一手精湛的狩猎本领。

塞索伊奇作为一个经验丰富的老猎手，村民们都很尊敬他，并准备好随时听其调遣。

他悠闲地坐在前面，脸上表露出荣耀的神情。紧随其后的是 40 个负责驱赶狗熊的村民，三位客人则被安排在最后头。

队伍一直以不紧不慢的速度向前进发着，因为他们只需要在天彻底大亮之前赶到目的地。

在距离狗熊的栖息地大约 1000 米的地方，塞索伊奇向队伍发了第一道指示：大家可以暂停前进，去到林中木屋取暖。

听到指令，全队人马都停了下来。大家争先恐后地从雪橇上跳下来，陆续地钻到林子里的一个小木屋中去烤火取暖。很快，有人把火点燃，大家把小屋挤得水泄不通。村民们有说有笑，屋子里一会就热气十足了。

塞索伊奇趁大家都去休息的时候，急忙穿上滑雪板提前去林子里侦察了一番。回来后，他根据眼前形势，给那些负责驱赶的村民们细致的布置了任务。

一切好像都妥妥当当的，熊想从这个围猎圈里逃跑是不可能了。

塞索伊奇叫呐喊的人排成半圆形，先站到小树林的一面；另一部分人则站在栖息地的两侧默不作声，蓄势待发。

围猎熊与围猎兔子不同。负责叫喊的人用不着一边喊一边往前走，逐渐缩小包围圈。在打猎的全过程中，只需站在一个地方。而站在两侧的那些人，当他们发现熊被那些叫喊的人吓得往旁边跑的时候，就把熊往狙击线那边撵。 这些人是不允许出声的，如果熊朝他们这边跑过来，他们只能脱下帽子向它挥舞。

塞索伊奇布置好赶围的人后，又去叫那些猎手，把他们安排到拦击的地点。

拦击点只有3个，彼此之间的距离是25至30步。 塞索伊奇本人的任务是把熊驱赶到这个不到100米的狭小范围之内。

塞索伊奇让医生站到第一号拦击点上，把上校安排在第三号，而把那个傲慢的家伙安排在最中间，也就是第二个拦击点上。 这个地方看得见熊进出栖息地的足迹。 一般情况下，熊从躲藏的地方出来时，大半是顺着自己原来的脚印走的。

年轻的猎人安德烈站在这个傲慢人的身后。 之所以选择他，是因为他比谢尔盖经验更丰富些，而且极能沉得住气。

安德烈充当后备射手。 只有在熊冲出射击防线或者直接扑来的时候，他才有权开枪。 所有的射手都穿着灰罩衫。

塞索伊奇对他们小声嘱咐着此时应该注意什么：别出声，别吸烟。 赶围的人开始呐喊的时候，站着别动，要尽可能放那只熊走近一些。 嘱咐完以后，他又到那些负责驱赶的人群当中做最后的部署。

半个小时终于过去了，这半个小时真是令猎人们难以忍受。

后来，好不容易传来了猎人的两声号角。 这两声号角拖得时间很长，声音厚重，响彻了整个积雪覆盖的森林。 那声音就好像浮荡在冻结的空气中，久久不肯散去。

短短的一分钟寂静过后，就响起了人们的喊叫声。 这些负责喊叫的人叫的叫，嚷的嚷，谁能怎么吵就怎么吵。 这似乎也可当作是人类发泄的一种极好的方式。

在茫茫的雪地，在空旷的森林空地，尽情地呼喊吧！ 不会有谁来嘲笑你，更不会有人关心是谁发出了如何如何的声响。

于是所有的人都无所顾及地叫喊起来。 有人发出的是沉重的男低音，有人发出的是学的狗叫，还有人放出的则是那种枯瘦女人经常发出的尖叫声。

塞索伊奇吹完号角，就和谢尔盖一起踏着滑雪板，飞也似地赶到熊栖息的地方去充当赶熊人的角色。

围猎时除了那些喊叫的、不喊叫的人之外，还有一种角色是绝对不能缺少的，那就是赶熊人。

赶熊人必须由经验丰富，有胆有识的老猎人来担任。 在面对随时可能出现的情况下，要有随机应变的能力，以便在遭到不测的时候，随时反击。

小个子猎人此时正使尽浑身解术，想方设法想把熊从它躲藏的地方撵出来，并且让它朝着射手所在的方向逃跑。 与先前那些负责叫喊的人相比，这可不是什么轻巧活。

塞索伊奇仅从脚印就能看得出来，这头熊的个子一定很大。 但是，当从一片杉树丛中突然闪出熊的那个黑乎乎、毛茸茸的背影的时候，小个子猎人还是禁不住打了个哆嗦。 他竟然糊里糊涂地朝天开了一枪。 他和谢尔盖都不由自主地齐声高喊起来："来啦，来——啦！"

为了围猎熊，人们已经准备了很长时间，而到了真正打猎的时候，花费的时间却非常短。 因此，围熊常常就是在千钧一发之际，决定胜败的。

长时间不安地等待以及要随时意识到可能发生的危险，所以打这种猎时，射手们总是觉得时间是那么的漫长，一分钟就像一小时一样长。

在拦击点上耐心地等待了那么长时间，当你看见熊出现了，或者听到旁边的射手放了一枪，而你还没弄清是怎么回事，就一切都结束了，也用不着你动手了，那会是一种什么感觉？

塞索伊奇迅速地作出反应，跟在熊后面紧追，想把它往枪手的射程里赶。 但是，这次，他一切的努力全都白费了：要追上熊，是不可能的！

这个地方积雪很深，且显得极其松软。 人如果不穿上滑雪板以板代步，在上面就很难行动。 因为雪层无法承受一个人的重量。 人走一步就要陷一步，一直陷到腰际，你要花费好大的劲才能把脚拔出来。

可是熊在这种地方走起来却相当的自如。 它就像坦克一样，虽然身体庞大，分量也不轻，走在这种雪地里却能所向披靡如履平地。 这头大个子熊，一路上把灌木和小树之类的，都撞得东倒西歪。 简直就是走过之处都被它踏平。 而它又像一艘水上汽艇，从雪上经过时，两股雪尘从它的两旁高高扬起，就像汽艇航行时一路溅起的巨大水花。

没过多长时间，熊就从小个子猎人的视野中消失了。 但还没过两分钟，塞索伊奇就听到了枪声。

围猎结束了吗？ 熊打死没有？ 当他心里还在暗自猜想的时候，又传来了第二声枪响。 接着是一阵凄惨的叫声，那是痛苦与恐怖的叫声。

塞索伊奇拼命朝枪手所在的方向跑。

他跑到当中那个拦击点时，看到上校、安德烈和脸色白得像雪一样的医生正抓着熊皮，把熊从躺在雪里的第三个猎人的身上抬起来。

原来，熊顺着自己进树林时的脚印跑，直奔当中的拦击点。 站在中间的那个猎手忍耐不住了，本来是应该等熊跑到离拦击点 10 至 15 步远的时候才开枪，可是他在熊离他还有 60 步远的时候就开了枪。 这就犯了一个致命的错误。 这么大的野兽，看起来动作很笨拙，实际上跑起来快得非凡，所以只有当它离枪手仅仅 10 至 15 步远的时候才能开枪，才能打中它的头或心脏。

可这位猎手，当他把那颗能够爆炸的子弹从自己那杆漂亮的猎枪里射出去以后，却没有击中熊的要害部位，只是打穿了熊的左后腿。

熊痛得发起狂来，于是朝这个猎手猛扑过去。

猎人慌了神儿，忘记了自己这杆猎枪里还有一颗子弹，也忘记了他身旁还有一杆备用的猎枪，他把枪一扔，转身就要跑。

那头大熊哪里肯轻饶这个欺负自己的人，它使出浑身的气力，一巴掌就打倒了他，并把他压在雪地上。

作为备用枪手的安德烈这时当然不能袖手旁观。 他把自己的双筒枪，一直杵进野兽张开的嘴巴里，双机齐扳。

可是祸不单行，猎枪卡壳了，只轻轻地响了一下。

站在旁边的第三个拦击点上的上校把这一切都看得清清楚楚。 他看到他的同伴已死到临头，自己该打枪了。 可是他也深知，如果射击不准，就可能亲手把这位伙伴打死。 上校跪下一条腿，瞄准熊的头，就是一枪。

中弹的大熊猛地一下蹿起来，然后又扑通一声摔到雪地上，正好压在躺在它脚下的人身上。

上校这一枪打得真准，正好打穿了熊的太阳穴，大熊当场毙命。

医生也跑了过来。 他跟安德烈和上校一起，抓住打死的熊，抬起来，想看看被压在它身底下的那个人是死是活。

这时，塞索伊奇赶到了，急急奔过去帮忙。 这家伙真重，几个人费了挺大的劲才把它弄到一边去，然后把躺着的那个人扶了起来。

猎人还活着，安然无恙，虽然脸色白得像死人似的。此时此刻，这个傲慢的城里人已经不敢正视他周围的人了。

大家把他载上雪橇，送到集体农庄。 没过多久，他也就恢复了常态。 但是他已经待不住了，不管医生怎样劝他住一宿，劝他好好休息休息再上路，他也不听。

最后那个傲慢的人还是一个人去了车站。 在他的一再要求下，大家同意让他带走了熊皮。

"是呀！"塞索伊奇讲完这件事，又若有所思地加了这么几句，"在这件事上我们犯了个错误，不应该把那张熊皮给他。这会儿他准是到处夸口，说那头大熊是他打死的呢！ 那只熊快有300公斤哩，可真是一个大家伙呀！ ⋯⋯真是个吓人的大家伙。"

◉本报特约通讯员

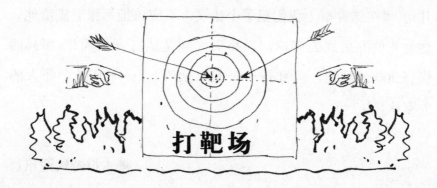

打靶场

第十一场竞赛

1. 冬天熊钻进洞里冬眠时,体态是瘦的还是胖的?

2. 哪一种野兽比较怕冷——大野兽还是小野兽?

3. 为什么说"狼靠四条腿吃饱肚子"?

4. 为什么冬天砍的木柴比夏天砍的木柴值钱?

5. 如何根据一个被砍断的树桩得知这棵树的树龄?

6. 为什么所有的猫科动物(包括家猫、野猫和猞猁狲)都比犬科动物(包括狼和狐狸)爱清洁?

7. 为什么很多兽类和鸟类一到冬天都会离开森林而到离人的居住地比较近的地方去?

8. 是不是所有的白嘴鸦都离开我们这儿飞到别处去过冬?

9. 蟾蜍在冬季以什么为食?

10. "游荡熊"是哪一种熊?

11. 蝙蝠一到冬天会飞到哪里去?

12. 冬天,是不是所有的兔子都是白的?

13. 哪种鸟雌性的比雄性的个子更大而且更有力?

14. 交喙鸟的尸体长期不腐烂,为什么?

15. 此物矮又矮,帽子头上戴。不用毡子做,不用裁缝裁。(谜语)

16. 别看我和沙粒一样小,我却能把大地盖牢。(谜语)

17. 一团东西进门中,桌子下面滚不停。有人伸手去抓它,结果抓了一手空。(谜语)

18. 夏天东游西游,冬天家里歇个够。(谜语)

19. 猪儿手真巧,拈根麻线做活计,穿过牛的皮板,缠住羊的毛绒,做出两件东西,给人穿上走道。(谜语)

20. 一人带着会吠的,出门去找会吼的。如果没有会吠的,把命交给会吼的。(谜语)

21. 一位美丽姑娘,长得真是漂亮。虽然关在地牢,辫子翘在街上。(谜语)

22. 一个老太太,坐在菜畦中。从里直到外,都是大补丁。(谜语)

23. 不用缝来不用裁,衣上层层自来带。多件斗篷裹得严,不用扣来不系带。(谜语)

24. 此物青青不是树,此物有尾不是鼠。此物圆圆不是月,动动脑筋能猜出。(谜语)

通　告

第十次（最后一次）测验题

"神眼"称号竞赛

"读讲冬书"

请仔细看一下这幅图，然后讲读一下，这里发生了什么事情？

关注一下那些饥寒交迫、无依无靠的朋友

在饥寒交迫、暴风雪冻得死人的月份里，别忘了我们那些弱小的朋友——鸟类。记住，每天往那些喂食鸟类的地方添加一些食物（参看第九期和第十期上的通告）。

请为鸟儿准备一些小小的栖身之地：椋鸟房、山雀巢、树洞式巢什么的（参看第一期与第二期通告）。

要给灰山鹑搭几个小棚子（参看第十期上的通告）。

与自己的同伴和熟人建立一些志愿者组织，共同救助那些饥寒交迫的鸟类。有的人拿出谷物，有的人拿出牛油，有的人拿出浆果，有的人拿出面包屑，有的人甚至可以找来蚂蚁卵。

这些小鸟们所需要的并不多，你能够救多少鸟儿，使它们免于饿死呀！

森 林 报

一年 12 个月的阳光组诗

2 月，严冬马上就要走到尽头了。 但是，狂风还在尽情地扫荡，似乎还想继续吹响它在冬天里的号角。

被狂风卷起的积雪在地面及离地面不高的空中飞舞着，由于速度极快，风过后，地面平静如常。 风依然不留下哪怕一点足迹。

这是冬季里最后的一个月，但其严酷程度与前两个月相比仍有过之而无不及。 所有的野兽都消瘦了。 秋天养的膘，已不能再给予它们热量和营养了。 一些小野兽的洞里，存粮也快用完了。

当然，这也是公狼和母狼结婚的月份，或许对狼族情侣来讲，也是应该值得庆祝的月份。 这就意味着 2 月份也是恶狼偷袭村庄和小城镇的月份。

为了果腹，它们不惜冒险；为了尚幼的孩子，它们不计较代价。 每当夜深人静的时候，这些配合默契的狼夫妇就会偷偷地钻进羊圈，把无从抵抗的羊拖走，有时甚至狗都难逃厄运。

白雪，本来是曾经帮助鸟兽保温的朋友，但到了这个月份，它已经变成这些鸟兽的仇敌了。 树枝，由于经不起厚厚的积雪的重量，多数都被折断了。 一些野生禽类，如沙鸡、松鸡、野乌鸡什么的，倒是喜欢积雪，它们连头带尾巴一起钻进深雪去过夜，这是它们自认为最安全舒服的方式。 有经验的人们，通常都利用它们的这种不太好的习性，很轻易就能捕获到美味的野鸡。

可是，即使在积雪下面过夜，也难以避免不幸的事情发生。

白天的太阳，离地面越来越近。 阳光晒在积雪上，导致雪层开始融化。 而当夜晚降临的时候，寒气又如约而至，再度袭来，很快便在雪面上冻起一层冰壳。 在第二天阳光重新晒化这层冰壳之前，你想从下面撞开它，可真不是一件容易的事。

2 月天也把走雪橇的大道掩埋起来，因为这时的风都是沿着地面吹的，吹得积雪纷飞，杂乱不堪。 这就自然要阻塞道路，雪橇就很难在上面行走了。

如何忍耐残冬

森林年最后一个月来临了，这也是林中万物最艰难的冬月——忍耐残冬月。

所有的林中居民仓库里的存粮都快吃完了，所有的鸟类和兽类都消瘦了，因为能为它们提供热量的皮下脂肪已经消耗完了。 长期的饥饿大大减弱了它们的体力。

这时节，大自然好像故意跟这些森林居民们过不去，狂风大雪满林子乱刮乱闯，天气越来越冷。 这是严寒统治森林的最后一个月，所以它不会放过这最后的施威机会。 这会儿，一切飞禽走兽只要再坚持一下，就能耐过残冬，迎接春天的到来。

森林通讯员走遍了整个林子，他一直担心着：这些鸟兽们能否忍过这个残冬，迎来温暖的春天？

尽管不情愿，森林通讯员在森林里还是看见了许多可悲的事：有些森林居民已经忍受不住饥寒，死去了。 其余的能不能再挺上一个月？ 不过，事实上，这种担心是多余的，飞禽走兽大部分是死不了的。

牺牲者成为美餐

天冷，再加上刮大风，这种天气是最可怕的。 这种天气过后，如果你在森林里巡视，就可以在雪地上东一个、西一个，找到冻死的飞禽走兽和昆虫的尸体。

在一些小树桩下面，在成片的被风雪吹倒的树木下面，里面藏着许多小野兽和甲虫、蜘蛛、蜗牛、蚯蚓。

因为寒风把为它们保温的雪吹跑了，于是它们就冻死了。

飞鸟一边飞，一边就被暴风雪给刮死了。 乌鸦是抵抗力极强的鸟，但在长时间的狂风暴雪之后，它们有的也被冻死在雪地上。

风雪过后，号称森林卫生员的一些猛禽猛兽马上出动，在林子里到处搜寻，把被风雪击毙的鸟兽全部作为美餐。 于是，冻死的动物尸体被它们收拾得一干二净。

敲碎坚硬的冰壳

有一种情况特别可怕：有时，在融雪天之后突然暴冷，把上面一层融化的雪一下子冻成冰壳。 这雪上的冰壳既坚挺又滑溜，鸟类凭着自己那软弱无力的爪和喙很难敲碎它。 鹿的蹄子能够把它踏穿，可是这冰洞周围的棱角锐利得像刀一样，很可能伤及鹿腿上的毛层，甚至割开它的皮肉。

那么，鸟类怎样才能获得埋在冰壳下的细草和谷粒这些食物呢？其实，鸟类并无力敲碎那像玻璃一样坚硬的冰壳，它们只能挨饿。

也有这样的情况：在融雪天，地面上的雪变得湿漉漉、蓬松松的。傍晚，有一只沙鸡落在雪地上，轻而易举地在上面给自己打了一个洞。洞里热气腾腾、暖暖和和，沙鸡就蹲在里面睡着了。

可是，半夜，严寒降临了。沙鸡在雪下温暖的洞里睡得正香，没有醒，它们没觉出冷来。

第二天早晨，它一觉醒来，洞里仍然是温暖的，只是有点喘不上气来。沙鸡想出去呼吸一下新鲜空气，伸伸翅膀，找点东西吃。它想飞起来，可是没办法：头顶上有一层冰，很结实的冰，像玻璃一样透明而坚硬的冰层。这是雪上冰壳。

冰壳底下是松软的雪，冰壳上面什么也没有。

于是，这只沙鸡用头拼命往冰壳上撞，撞得头上都流了血。它心想：无论如何，也得冲出这个冰罩子啊！如果能冲破这个该死的牢笼，哪怕是饿着肚子，也该算是幸运的了。

冬眠的青蛙像是玻璃做的

有一次，森林通讯员凿破了一个水池上面的结冰，从池塘的底部捞起了一些淤泥。他们在淤泥里看到，有许多青蛙躺在其中。原来，它们是钻到那里，挤躲在一起，进行冬眠呢。

当他们把这些小青蛙小心地从淤泥里取出来以后，发现它们完全像是用玻璃做成的。它们的身体已经变得非常的脆，稍一用力就可以把它们的小腿折断，并且发出"咔吧"的一声。

森林通讯员决定带几只青蛙走回家去。到了家里，他们小心翼翼地把这些青蛙放在一个温暖的房间里，为了让它们一点一点地暖和过来。事情正如预料的那样，青蛙一点一点地苏醒了，开始在地板上跳来跳去。

由此可以预料，当春天的阳光晒化了池塘的冰面，把水晒暖时，青蛙就会自己苏醒过来，而且一个个既活泼又健壮。

睡到夜晚变暖的时候

在离"十月铁路"萨勃利诺车站不远的托斯那河的沿岸上，有一个大大的岩洞。 过去，曾经有人去洞里面取过沙土，可是如今，已经没有人再到那个洞里去了。

有一次，森林通讯员进了那个洞，并发现洞顶上有许多蝙蝠，其中有普通的蝙蝠，也有一种被称之为"兔蝠"的大耳朵蝙蝠。 它们在那里睡觉，已经睡了5个月了，头冲下，脚朝上，用脚牢牢地攀住粗糙不平的洞顶。"兔蝠"把两只大耳朵藏在紧紧抱在一起的两个翅膀下面，像盖被子似的，就这样倒挂着入梦乡。

森林通讯员们看到这些蝙蝠睡了这么久了，感到有些担心，因此他们摸了摸蝙蝠的脉搏，量了量它们的体温。

夏天，蝙蝠的体温跟我们人一样在37摄氏度左右，而脉搏每分钟为200次左右。 现在，蝙蝠的脉搏每分钟只有50次，而体温只有5摄氏度。

可你不用担心，这些小懒虫们一个个都健康得不得了。它们还可以舒舒服服地再睡上一个月，甚至两个月。

等它们睡醒以后，夜晚就变得温暖了。 这种昼伏夜出的小动物就可以完好地苏醒过来，飞离这个岩洞了。

隐秘角落里的款冬

通讯员们继续在洞里观察着，期待能有更新的发现。 果然，他们在一个隐秘的角落里，意外地发现了一株款冬。

让人惊叹的是，它生长得很有生机，而且还正开花呢。它居然一点也不怕冷。 再看看它那单薄的衣衫，更让人不可思议：这些细茎好像还穿着轻装，鳞状的小叶子，蜘蛛丝似的茸毛。 这个季节，人们穿着大衣还觉得冷呢，可是它，这是怎么回事呢？ 难道对它们来讲这只是酷暑难耐的夏日？

真实的情况是，在它生长的周围到处都是雪，哪儿来的款冬呢？ 这简直是令人难以置信，甚至开始怀疑自己的视力，是不是看花眼了。 但在一个"隐秘的角落"里，的的确确，真真切切地生长着款冬！ 还是正在开花的款冬。 它当真不愧被之为款冬：款待冬天，以花儿盛开的姿态。

告诉你款冬在什么地方吧：是在一座大楼房朝南的墙根底下，而且是在暖气管子通过的那个地方。 在这个"隐秘的角落"里，地上的积雪已经融化了，露出了一片黑土，散发着春天的气息。 尽管空气冰冷，款冬在"特殊"的地方也能存活。

◉尼·巴布罗娃

短暂的聚会

只要严寒的天气稍微有一点点转暖，大地上的积雪略微融化那么一点点，你猜，将会发生什么？ 一次热闹非常的短暂聚会！

在森林里的雪底下，藏匿一冬的虫子们，会很快感受到这些许暖流的到来。 它们迫不及待地从各自的居所争先恐后地爬出来：蚯蚓、海蛆、蜘蛛、瓢虫，还有叶蜂的幼虫。

狂风常常把倒在地上的粗大树木下的积雪卷走，看样子，风儿似乎很热衷于此事。 因此，在一些僻静的角落，总会出现一块没有被雪覆盖的地方。 这些角落就成了那些大大小小的虫子们集体聚会的场所。

昆虫们急于从地底下钻出来，是想要活动活动麻木了一冬的腿脚。 蜘蛛呢，正忙碌着四处寻找食物。 那些还没有长出来翅膀的蚊子，光着脚在雪地上跑跑跳跳。 有翅膀的长脚蚊则纷纷扰扰地挤在在空中，群蚊乱舞。

当严寒再次袭来的时候，它们这种短暂的快乐时光就会突然结束。 一群群大大小小的虫子，赶紧结束聚会。 它们成群结队，匆匆忙忙离开场地，而后各奔东西，赶回各自的居所：有的钻进树叶下，有的钻进苔藓丛中，有的仍然钻到土里去。

冰洞里探出海豹的脑袋

在涅瓦河附近长年居住着一些以打鱼为生的人，我们称之为渔夫。

有一天，在涅瓦河口芬兰湾的冰面上，一个渔夫像往常一样带上鱼具，走出家门。 他又开始了新一天的捕鱼生活。 阳光照射到冰面上，反射出的亮光格外刺眼。 渔夫下意识地用手遮蔽一下阳光，以看清前面的冰面的情况。

当他从一个冰洞旁边经过时，突然，一个光光的头从冰洞里探了出来，嘴巴上还长着稀稀拉拉的几根硬胡须。

渔夫起初以为，这只是个淹死的人的脑袋，此时正从冰窟窿里浮起来。 可是就在这时，他发现这个浮起的脑袋朝着他的方向转了过来，这一情景着实把渔夫吓了一跳。 当渔夫再次定睛一看，才看清楚，这只不过是个动物的头。 只见它尖尖的嘴上长着胡子，脸皮紧绷绷的，满脸长着光闪闪的短毛。

这个动物的睁着两只亮晶晶的眼睛，在一刹那间，曾直愣愣地盯着渔夫的脸。 然后，它便"扑通"一声，以极快的速度，钻到冰下面去了。

这时候，渔夫才明白过来，原来他看到的是一只海豹。

海豹平时是在冰面下以捕鱼为食，这一点它和渔夫之间倒是相同，渔夫以打鱼为生，海豚也以捕鱼为生。 唯一的区别在于，一个是人，一只是动物。通常，它们在捕鱼的时候，为的是呼吸一下新鲜空气，只把脑袋探到水外一小会儿。

冬天，渔夫们常常可以在芬兰湾的冰面上打到海豹。渔夫们只要把握好时机，趁海豹们把头从冰洞中伸出来呼吸新鲜空气的机会，就可以很轻易地捕获它们。

这对渔夫们来讲，捉到海豹可比捕鱼显得容易得多了，只是海豹的数量远不及鱼的数量多。因此，捕获海豹的几率要小得多。

有时候，甚至还会发生这样的事：有些海豹为了追捕鱼儿，它们会很固执地，一直追进涅瓦河。而在拉多加湖里，海豹更多。那里可以说是一个名副其实的海豹乐园。

驼鹿磨掉旧角

在所有居住在森林中的动物当中，驼鹿和雄性狍（páo）子一直以"森林勇士"而闻名。

可是，某时候，你会发现驼鹿和雄性狍子头上的角不见了。你可能会想，这也许是因为它们遭到野兽的袭击了；亦或是它们自己不小心，在森林里穿行的时候角被刮断刮掉了。如果你这样想，那可就大错而特错了。驼鹿和雄性狍子头上的角是他们自己一点一点磨掉的。

其实，这是两种非常聪明的动物。它们为了能够长出更锋利更有力的角，会义无反顾地扔下头上的沉重武器。每年到这个季节，他们为了尽快长出新角来，就在林子里的树干上磨呀，磨呀，直到最后把角磨了下来才肯罢休。

　　有一天，一只大驼鹿在林中的树干上磨掉它的角，悠闲地在森林里散起步来。这时，有两只饥饿的狼恰巧在森林里寻找猎物，在离驼鹿很远的地方就发现了它。狼心里想：这可真是老天安排的呀，出来不久就碰到这么一个没有武器的家伙，今天的晚餐真诱人啊！想到这里，贪婪的涎水从狼嘴流了出来。

　　两只狼顿时心花怒放。它们彼此望了一眼，最后各自心领神会，决定选在恰当时机向驼鹿发起进攻。它们觉得，就凭狼的凶猛和智慧，战胜这个大家伙简直就是轻而易举的事。最重要的一点是，这个家伙根本就没有武器。

夹击法是狼族在捕捉猎物时惯用的伎俩。这两只狼也不例外。它们作好分工，一只在前一只在后，开始夹击这头驼鹿。显然，驼鹿早已看出狼的鬼把戏。它在心里迅速地谋划着如何摆脱两狼的威胁。

然而，这一场战斗并没有我们想像的那么激烈和血腥。甚至连最起码的打斗都没出现，就令人出乎意料地结束了。

你可有会想，这只驼鹿一定不敌两条狼的夹击，最后不得不束手就擒，成为狼的美餐。然而，事情有时会朝着我们假想的情形向相反方向发展。

让我们来欣赏一下这场特殊的战斗吧：

在两只狼逐渐向驼鹿靠近的时候，还没等狼发动攻击。驼鹿就率先使用两只有力的前蹄，先发制人，一下子击碎了前边那只狼的坚硬脑壳。然后，它又突然转过身，把另一只狼狠狠地踢倒在雪地上。一切都发生的那么突然，以致没等两只狼回过神来，就遭到如此沉重的还击。两只狼的捕猎行动，最终以失败而告终。结果是：狼一死一伤，鹿安然无恙。它只是碰掉了一些沾在前蹄上的尘土。

另一只倒霉的狼哪还有闲工夫顾及伤痕累累、周身疼痛，它好不容易才从对手身旁逃走。好在驼鹿并没有吃肉的习性，否则这只狼是怎么也逃脱不掉的。

经过一段时间，老驼鹿和老狍子们都已经长出了新角，但是肉瘤还没有长硬，外面绷着一层皮，皮上则是蓬松的绒毛。

穿着潜水衣冬泳的鸟儿

在波罗的海铁路沿线有一处叫做加特奇纳的车站，在车站附近有一条小河。 有一次森林通讯员正在考察鸟儿的习性。在一个冰窟窿旁，他们意外发现一只黑肚皮的小鸟。

那是一个冬天的早晨，天寒地冻，北风呼啸。 尽管太阳早已高悬在空中，可还是冷得让人受不了。 森林通讯员不得不几次三番地捧起雪来摩擦冻得发白的鼻子。 在寒冷的冬天，假如人体裸露的地方受冻，千万不能拿热的东西来解冻。最好的方法就是用雪慢慢地摩擦，这样可以有效地减少冻疮的发生。

在这么冷的天气里，这只黑肚皮的小鸟居然敢在冰面上站着。因此，当森林通讯员听到黑肚皮小鸟兴高采烈地在冰上面唱歌时，他感到非常奇怪。它似乎感觉不到一丝寒意，难道它以为这是温暖的春天吗？

森林通讯员慢慢地走近这只小鸟，想一探究竟。小鸟可能感受到了人的威胁，它跳了几步，抖了抖翅膀，竟然一个猛子扎进冰窟窿里去了。

"糟了，淹死了！"森林通讯员心中一惊，急急忙忙奔向冰窟窿，想把这只发疯的小鸟打捞起来。

然而，就在他匆忙赶到冰窟窿旁的时候，眼前的一幕竟让他惊呆了：那只小鸟正漂在水面，熟练地用翅膀划水呢，就跟游泳的人用胳膊灵活地拨动着河水的动作一个样。它那暗黑色的脊背在晶莹澄澈的河水中闪着亮光，活像一条可爱的小银鱼。

突然，黑肚皮小鸟又一个猛子，一下子扎到了河底。通讯员惊奇地发现，小鸟居然是用两只利爪抓着水底的沙子，在水底行走。这简直太不可思议了！只见那只小鸟走到一处地方，停留了一小会儿，像是在观察着什么。然后，它用嘴把一块小石子迅速地翻转过来，熟练而迅速地从石子下面啄出一只黑色的水甲虫来。然后，开始旁若无人地、津津有味地享受着它的水下早餐。

大约过了一分多钟，它便从另外一个冰窟窿里钻出，又跳到冰面上来了。它重新抖抖翅膀，像什么事情也没发生过一

样，东张张，西望望，或者拍拍翅膀，跳几跳，又愉快地唱起了歌。

森林通讯员把手探进冰窟窿里去试了一试，心想："莫非这附近有温泉，小河里的水是温的吗？"

可是，他马上就把手从冰窟窿里抽了出来，这水可是刺骨的凉啊！他这才明白了：他面前那只黑肚皮小鸟，是一种水雀子。

这种鸟也同交喙鸟一样，正常的森林法则对它根本产生不了约束。它的羽毛天生就蒙着一层薄薄的脂肪，当它潜入水里以后，带有油脂的翅膀上会冒起很多泡沫，闪闪地发出银光。这些泡沫就等于给它穿上了一件充气的潜水衣，所以它在冰冷的水里并不觉得冷。

在我们列宁格勒，这种鸟可是稀客，因为只有在冬天里，它们才会到光临这里。 如果你有机会看到，那一定是件非同寻常的乐事。

要关注冰盖下面的鱼儿

冬天需要关注的事情很多，尤其是丰富多采、种类繁多的森林里。 但有一点请不要忘了：在冰盖下面的水晶宫里还生活着我们的朋友——鱼儿。

在整个冬天，鱼儿都在河底的深坑里睡着懒觉。

在它们头顶上，则盖着一层坚硬的冰屋顶。 有时候，大多是在冬末时节的 2 月，池塘里或者森林中的湖泊里，空气变得稀薄了，供鱼类呼吸的氧气不够用了。 这时，鱼儿在水下几乎要闷死了，它们心神不宁地张开圆嘴，甚至直接浮到冰盖下面，张着嘴接取冰盖下的气泡。

假如空气异常稀薄，而冰盖下的水泡又不足以供鱼儿们呼吸，这种情形一旦发生，鱼儿就面临全体闷死的危险。 那么，春天，冰消雪融以后，你去湖里钓鱼的时候，你会发现无鱼可钓。

因此，可不要把鱼儿忘了。

我们要不时地关注一下冰盖下面的鱼儿，适时地在池塘或湖泊的冰盖上凿一些冰洞，以方便鱼儿们能够随时呼吸到新鲜的空气。

雪被下面的生物

在漫长的冬日里，你望着被雪覆盖起来的大地，会不由自主地想：在这冰冷而干燥的"汪洋大海"下面都有些什么呢？在"汪洋大海"的底部是不是还有生命存在？它们将以怎样的方式来度过这漫长的严冬？它们之间是不是也会发生许许多多有趣的事情？

为了给这个问题找到答案，森林通讯员们在森林里、林中空地上和田野里的积雪上，挖了好些大深坑，一直挖到地面，形成了一个个"雪井"。要说，完成这样一项工作可不是太省劲儿的事。但是我们的通讯员们就是这样兢兢业业。

在那里，通讯员所能看见的东西简直是出乎我们的意料：一些不知道是什么植物的叶子都聚集在一起了，形成了许多绿色的小叶簇，还有从枯草根的紧底下钻出来的，尖尖的嫩芽。

各种野草的嫩茎也都呈现出略微深暗的绿色。尽管这种绿意仍逃不脱饱受寒冷的迹象，尽管它们被沉重的"雪被"压倒在地面上，但它们全是活的！你想想看，全是活生生的绿色植物呀！它们在可怖的凛冽寒风中，在雪底下悄无声息地以自己的方式，经受着生命的洗礼；它们以其不屈不挠的姿态坚强而勇敢，随时准备接受严冬的挑战。

没想到，在这看似毫无生气的雪原下面，竟然如此的热闹和繁华。 生活在这里的，有草莓，有蒲公英，有荷兰翘摇，有狗牙根，有酸模，还有许多各式各样的植物。 有一种叫繁缕的草本植物，看起来更是翠绿欲滴，在它上面居然还长出了小小的花蕾！

森林通讯员在他们先前挖过的那些雪坑的四壁上，经常会发现一些小小的、规格相似的圆洞。 很显然，这不知是哪种小型动物的雪下通道，在挖坑的过程中被铁锹切断后露出的横断面。

这些小野兽会精明强干地在茫茫雪海里给自己找东西吃。 田鼠和普通老鼠们四处寻找各种植物的根来啃食，这些细植物的根部极富营养。 土拨鼠、伶鼬、银鼠之类小型食肉动物，则靠捕食这些啃食草根的鼠类和在雪下过冬的鸟类维持生活。

从前，人们曾经固执地认为，动物界里只有熊才能在冬天产崽。 它们的熊宝宝天生就比自然界里其它宝宝幸福得多，因为这些熊宝宝一生下来就"穿着衣服"。 在小熊刚刚出生的时候，个头比我们想像的要小得多。 它看上去非常小，小得只有大老鼠那么大。 但是它们都有着得天独厚的条件，就是个个穿着"衣服"出世，而且是穿着皮大衣而不是普通衣服。

现在，我们的科学家经过长期研究才得知：有些老鼠和田鼠，它们专门选择冬天里搬家，就像人一样，到它们特制的别墅里去过冬。

冬天到了，它们就从夏天居住的地下洞穴搬到地面上来，在雪底下和灌木下部的枝丫上筑巢。更为奇怪的是，这些小动物也像能熊一样，在冬天里生产幼崽。可是，刚生下来的小鼠与小熊却完全两样，它们只有一层半透明的，嫩嫩的皮肤。甚至能隐约看见皮肤下面的内脏。而且浑身上下光秃秃的，一根毛也没有。但是，父母们精心建造的巢里很暖和，它们总是躺在年轻的老鼠妈妈的胸前，有序的排成一排吮吸母亲提供的美食，甜美的乳汁。

当然，有时候，它们当中也不乏调皮捣蛋的家伙。它时而挤到这边，里面挤到那边，不像其它小老鼠那样在固定的位置吃奶，喜欢上跳下窜，专挑奶水最多的乳头吮。力气小点的老鼠自然就受到欺负。

这就是我们平时看到的，一窝老鼠，虽然同时出生，可是稍大一些后，就会表现出大小不一来。有的吃得肥胖，有的还是那么瘦小。

春天来临的预兆

虽然这个月的天气仍然很冷，但已经不是隆冬季节的那种酷寒了。虽然积雪还是很深，但是已经不再是那种深冬季节里闪光耀眼的皑皑白雪了，它已经变得灰暗无光，完全失却了冬日里特有的风采；随着时间一天天流逝，开始出现蜂窝般的小洞。

那些曾经在屋檐上悬挂了一冬的冰柱，也开始不时地往下滴着水滴。 如果你仔细观察，会发现在地上，它们滴水的地方，已经出现小小的水洼!

日照的时间开始由短变长了，阳光照耀着大地，让人觉得舒适而温暖，就像母亲的手温柔地抚摸着你。

天空也已经不再单纯是只有冬天才有的那种死灰色，整个由一片冬云覆盖着。 天空的蓝色也一天比一天加深，变得更蓝、更新鲜了。 空中的云朵错落有致，它们开始变幻着分出层次。 要是你留点神看的话，有时还可以发现堆得满满实实的积云缓缓飘过呢!

每当清晨，太阳刚刚露头的时候，你会发现，窗前早已有不知从哪里飞来的山雀，不知何时来到这里，正在树上欢快地舞蹈。

它们像是正在举行某种盛典，又像是在举行歌唱比赛，都亮起了清脆的喉咙，唱起快乐的歌曲："斯克恩，舒巴克!"婉转的鸣啼，悠扬的大自然之音，仿佛是在提醒人们："春天来了! 春天来了!"

"快脱掉皮袄吧! 快脱掉皮袄吧!"

夜晚，猫儿们也开始蹲在人们的屋顶上，并饶有兴致地唱着小曲，边开音乐会边打架玩儿。

在森林里，偶尔传来欢快而有节奏的响声。 那是勤劳的啄木鸟敲打树干时发出来的。 尽管它们只不过是用嘴敲树干，可还是有板有眼，真像一首谱成调的歌曲呢!

在密林深处，在一片云杉和松树下面的雪地上，不知是谁画上了一些神秘的符号，莫名其妙的图案。

当猎人看见这些符号和图案的时候，先是一愣，紧接着心就怦怦地跳起来：这可是值钱的猎物啊！ 这就是林中有胡子的大公鸟——松鸡的痕迹。

印迹是松鸡用强有力的翅膀在雪地上划出来的。 这样看来，松鸡马上要开始交配了，神秘的林中音乐马上又要开始了。

这又是一个信号，是春天来临的预兆。

都市新闻

动物们在街上斗殴

城市里已经感觉到春天的脚步越来越近了，其中的一个象征，就是在大街上，常常发生打架斗殴事件。街头的麻雀们经常打得不亦乐乎。

麻雀们互相揪打对方的脖子，把羽毛啄得四散飞舞。而且，它们一点也不理会过往行人。雌性麻雀从来不参加斗殴，但也不会出面制止这种斗殴。

每天夜里，猫儿都在屋顶上打架。有时候，两只公猫打得你死我活，结果经常是一只公猫把另一只公猫从几层高的楼顶上推下去，失败者往往是头朝下往地面上摔落。不过，即使这样，腿脚利落的猫儿也不会摔死。落地时，猫儿总是四只脚先着地的，摔不坏它们的，顶多在那以后，一瘸一拐地跛几天。

忙碌着筑巢

满城的鸟类都忙碌起来了，老乌鸦、老寒鸦、老麻雀、老鸽子，都在张罗修理去年的旧巢。 而那些去年刚刚出生的年轻一代，则正操持着为自己建造新巢。

建筑材料的需求量，都大大地增加了。 大一点的干树枝、小一点的嫩树枝、干草、马鬃、兽毛、鸟毛，这些都是它们筑巢必不可少的材料。

它们都在高高的地方筑巢。

动手为鸟造食堂

同学们都很喜欢鸟，冬天住在我们这儿的鸟像山雀和啄木鸟，常常挨饿，让人觉得很可怜。 同学们就决定为它们造一个小食堂。

我家附近有很多树，常看到一些鸟类落到树上，用它们的喙到处寻找食物。

我用三合板做了一些浅浅的木槽，挂到树上，每天早晨我们都往里边放上一些不同种类的粮食。 现在鸟儿已经习惯了，不再害怕飞到木槽跟前来，它们都很愿意到这里来啄食自己喜欢吃的谷粒。 我们觉得，这对鸟只会有好处。

我建议，所有的孩子都来自己动动手，这样，鸟类就可以不愁吃了。

●森林通讯员 格里德涅夫 叶甫塞耶夫

在街道上挂牌保护鸽子

在城市街道拐角处的一座房子上有个记号：一个圆圈，中间有个黑色的三角形，三角形里有两只雪白的鸽子。

这个标志的意思是："注意鸽子！"

汽车司机开车到大街拐角上拐弯的时候，就会很小心地绕过一个个聚集在马路中间的大大小小的鸽群。 这群鸽子有青灰色的，有白色的，有黑色的，有咖啡色的。 很多孩子们，甚至也有成年人，站在人行道上，向这些鸽子投掷面包屑和谷粒。

"当心鸽子！"这个叫汽车注意的牌子，最早提出建议的是莫斯科的女中学生科尔金娜。 现在，在全国各大城市里那些交通繁忙的街道上，都挂出了这样的牌子。 男女市民们经常在喂这些鸽子，欣赏这些象征和平的鸟儿。

光荣属于那些爱鸟、护鸟的人们！

积雪下的繁缕

　　外面的积雪已经开始融化了，我到外面去挖栽花用的泥土，顺便看了看我为鸟儿种的小菜园子。 在这个小植物园里，我专门为金丝雀种植了繁缕。 金丝雀会很喜欢吃繁缕那嫩绿多汁的茎叶。

　　繁缕长着小小的淡绿色叶子和小得几乎看不清的小花，柔弱的嫩茎经常彼此缠绕在一起。 这种植物是在地面上匍匐生长的，在菜园里要是种了繁缕，你一个照看不到，它就会爬得满园都是。

　　我是秋天把它的种子撒播在园子里的，但是播得太晚了。种子发芽，还没来得及长成幼苗就被埋在雪下面了，每株繁缕只长出了一小段嫩茎和两片子叶。

本来我没指望它们能够成活。可结果怎么样？我发现，它不仅安全过了冬，而且还长势良好。现在它已经不是幼苗，而成了小小的植物了。只是还幼小、低矮一些，在有几株的茎叶间，已经长出了小小的花蕾。

真是件怪事：这么冷的天，这么深的雪，它们居然活过来了，而且活得很好！

候鸟已经起身回家

《森林报》编辑部收到了很多令人振奋的消息，从埃及、从地中海沿岸、从伊朗、从印度、从法国、从英国、从德国，都寄信来了。所有这些消息都传达了同一个信息：由我国飞往世界各地的候鸟已经起身回家了。

它们不慌不忙地飞着，一寸又一寸地亲临从冰雪下解放出来的大地和水面。

我们估计，当它们飞回自己家乡时，这里也该是冰融雪化，河流解冻，春意萌生了。

早早起床目睹新月

今天我有一件特别高兴的事：早晨我起得特别早，太阳刚刚从东方露脸，就在这时，我看见了那弯初升的新月。

新月大多是在傍晚时分、太阳落山后出现，很少能在清晨太阳升起之前看到它的。

可是这一天，新月比太阳起得还早，已经高高地升到天空中。 这弯窄窄的新月在金色的朝晖中闪着珍珠般的光彩。 那么美丽，那么高贵，我从来没见过它那种样子。

●摘自少年自然科学家维利卡的日记

神奇的小白桦

昨晚下了一场小雪，天气不算冷，雪花是湿乎乎的，把园中阶前我心爱的一棵白桦的树干和所有的秃枝都染成白色的了。 清晨的时候，天突然变得冷起来。

太阳已经升起来了，悬在洁净的天空中。 我看见我的白桦变得非常迷人，美得简直让人心醉。 它从根到顶，自下而上，都好像涂上了一层白釉，原来是湿雪冻成了一层薄冰，通体都在闪闪发光。

有几只长尾山雀飞来了。 它们生着厚厚的、蓬松的羽毛，好像一团团小白绒球，个个都像上面插着织针。 它们落在这棵小白桦树上，在枝条上东张西望。 它们在找，看有没有什么东西可以当早点吃。

它们的爪子在枝条上打滑，小嘴也啄不透冰壳。 白桦树像玻璃树一样，鸟嘴敲在它身上，发出清脆的声响。

山雀唧唧喳喳，失望地叫一声，飞走了。

太阳越升越高，阳光越来越暖，终于把冰壳晒化了。

这棵神奇的白桦树，从主干到所有的枝条，都变得流光溢彩，看上去像是一眼冰泉。 树身开始滴水了。 水珠闪烁着，变幻着颜色，像一条条小银蛇似的，顺着树枝蜿蜒而下。

这时，那些山雀们又回来了。 它们落在树枝上，一点儿也不怕沾湿小脚爪。 这回它们可高兴了，不但脚下不再打滑，还能在这棵脱掉冰衣的白桦树上享用美餐。

●森林通讯员 维利卡

山雀欢唱报春歌

天气寒冷，但在一个阳光灿烂的城市花园里，竟然响起了报春的歌声。

唱歌的是一种山雀。 它们的歌喉虽然嘹亮，却没有什么花腔，只不过是："晴——几——回儿！ 晴——几——回儿！"

仅此而已，但这也就够了，因为这歌声是那么悦耳，就好像这种金色胸脯的小鸟，想用鸟语告诉人家："脱掉你厚厚的外套吧，春天来啦！"

追猎

摆放捕兽器

猎人们使用各种机关器械所捕获的猎物，说起来实在要比用猎枪射中的猎物多得多。 只有足智多谋，并确切地知道野兽的脾气和习性，才能想出捉野兽的好机关。 制作了这些机关器械，还要善于安置摆放它们。 笨头笨脑的猎人，尽管设陷阱，安捕兽器，但那里面总是空空的。 只有经验丰富的猎手所设置的机关，才能满载而归。

钢制的捕兽器是用不着设计创制的，到商店里去买就可以。 但是学会安置它，可就不那么简单了。

首先，应该知道把它放在哪儿。 要把捕兽器摆在兽洞旁边和野兽来往的小径上，也可以放在有许多野兽脚印会聚和交叉的地方。

其次，应该知道这些捕兽器怎样摆放，而且还要知道，怎样准备和怎样处理。 要是捉非常机警的野兽，如黑貂、猞猁等，大体上就应该遵循如下的程序：先把捕兽器放在松柏叶的汁液里煮过，然后用小木锹铲下一层积雪，要戴着手套把捕兽器放置在这个地方。 再把铲下的雪填在上头，然后用小木锹把雪弄平。

如果不经过这些处理程序，那么你即使把捕兽器埋在雪下面，鼻子灵敏的野兽也会闻出人的气味，或钢铁的气味，就是隔着一层雪也没有用。

如果你想用捕兽器捕获那些强有力的大型野兽，那就得把捕兽器拴在大树墩上，免得野兽把它拖得老远。

在捕兽器上放置的诱饵，也应该考虑到各种兽爱吃哪一种食物。 有的该给它放上老鼠，有的该给它放上肉，你想捕获有些野兽，还需要放上一些干鱼呢！

制作捕兽器

有些小型野兽，如银鼠、伶鼬、黄鼬、水貂等，是需要生擒的。 猎人们想出许多活捉它们的巧妙捕兽笼。

其实这些玩意儿的装置挺简单，每一个人都会制作。 所有这些装置都基于同一个原理：能进不能出。

拿一个不大的长木箱，或是一个木筒，在一头开个入口，在入口处放上一个由粗金属丝制作的小门，小门儿得比入口稍长一些。 这扇小门儿斜着立在入口上，达到小兽钻进去以后就关闭的效果。 这就算制作完成了。

在匣或筒里放上诱饵。 小野兽闻到诱饵的香味儿，还能隔着那个用金属丝编制的小门看到里面的诱饵。 它经不住诱惑，用头顶开小门儿，就爬进去了。 小门儿跟在它后面又自动关上了。 想从里面拱到外边来是不可能的，它就只有老老实实地等着你把它抓出来。

在这种木箱里，也可以装一块活落板，把诱饵放在没有出口的那一头的上方。 口要开得窄一点，入口里的上边装一个活闩。

"翻板"的中间有一个轴，当小野兽打这块活落板上爬进去，经过板中心的时候，轴就自动转动。 于是，这个"翻板"就扬起来触动入口处那个活闩，把这个捕兽箱的入口严严地堵死。

还有一个更简单的办法：取一个大桶，在正中间的桶壁上钻两个相对着的小孔，穿上一根长铁轴。 把露在外面的铁轴的两头，架在两根立在地上的小柱子上。 在木桶下的地面上挖一个深坑，坑的深度要能容下半个木桶。 铁轴的两头架好后，把桶安放得两边平衡，要使它的前半截、也就是开口的那头的桶边，搁在坑沿儿上，把木桶倾斜过来，让它的桶口朝着一侧。

诱饵要放得贴近桶底。

当小兽从桶口钻进去直奔诱饵的时候，不等它爬到中间，桶就翻了过去，桶底朝下，正好扣在那个坑上。这只小兽就怎么也爬不上来了。

冬天冻冰的时候，可以干脆做个冰阱，这种方法是乌拉尔地区的猎人想出来的。

把一大桶水放在露天里，水的表面以及靠近桶壁和桶底的地方，比桶内部的水冻结得要快。等冰冻得有两个手指头那么厚的时候，在冰上面凿个小洞，洞的大小要让白鼬能钻得进去。然后把没有结冰的水从这个圆孔里倒出来，再把桶移到温暖的屋子里去。桶壁和桶底很快就暖了，贴近桶壁和桶底的水也就化了。这样就能轻而易举地把这个"冰桶"从桶里拔出来。这只冰桶上上下下堵得严严的，只在顶上有个小洞。这就是冰阱。

把一些干草和一只活老鼠从这个圆孔里放进去，找一处白鼬或伶鼬的脚印多的地方，把这个冰阱埋在雪里，使阱顶跟积雪一般齐。

小兽闻到老鼠的气味，就会从那个圆孔钻进"冰桶"里。它只要一钻进去，就休想再出来了：滑溜溜的冰壁，爬是爬不上来，又那么厚，它也咬不动。

把冰阱打碎，就可以把小野兽取出来了。 制作这种"捕兽器"无须付出多少代价，需要多少，就可以制作多少。

设置捕狼坑

在所有森林动物中，最被人们深恶痛绝，也最臭名昭著的，应该是非狼莫属了。 它们狡猾、凶狠、残暴。 它们常常趁着人们熟睡时，偷偷地潜到村子里，神不知鬼不觉地咬死家畜。 然后叼回去美美地享用。 为了避免附近的居民再受损失，猎人们研究出了一个能捕捉到狼的好办法——捕狼坑。

通常，猎人会在狼出没的小路上，挖一个椭圆形的深坑，坑壁直直地竖着，光滑得很。 坑的大小要以仅能容下一只狼为宜，目的是当有狼误入坑中的时候，没法助跑，逃不出来。

拿一些细树枝把坑口铺严实，再在上面撒点碎枝、苔藓或稻草，最后铺上雪。 这样，一个不露痕迹的陷阱就做成了。

到了晚上，有狼从小路上走过时，领头的狼在不知不觉的情况下就会落进陷阱里。

第二天早上，猎人就把它从坑里活捉出来了。

圈钉捕狼笼

我们还可以制造一种捕狼笼。

先在地里打下许多木桩，一根紧挨一根并连成一圈。 然后再在这个小圈的外面，用同样的方法钉一个大圈。 里圈和外圈之间，是一条窄窄的夹道，窄到叫一只狼恰好能挤得过去。

在外边的那个圈上，安置一个向里开的篱笆门，在里圈里放一只小猪，一只山羊，或一只绵羊。

狼群闻到美食的气味，纷纷朝这个捕狼笼走来，一只跟着一只走进外圈，在两圈木桩间的窄夹道里团团转了起来。 绕了一圈以后，走在最前面的那头狼又到了那扇开着的篱笆门前，现在那扇门妨碍它再往前走，而向后转它又办不到，因此它只好用头顶门。 这样一来，这些狼不就成了猎人的囊中之物了吗！

这么着，它们就围着里圈内的家畜，没完没了地兜圈子，直到猎人来捉它们。 放在里面的猪、羊完好无损，狼当然就饿着肚子当了俘虏。

巧设地面陷阱

冬天，地冻得像石头般硬，不容易挖深坑。 这时我们就可以动手制作一个设在地面上的"陷阱"。 在一块地的四角上立四根柱子，用木桩打一道栅栏，把这块地围起来。 在"陷阱"的中央再竖上一根比围栏高的柱子，在这根柱子上吊一块肉作为诱饵。

把一块木板搁在栅栏上。 木板的一头挨着栅栏外的地面，另一头高悬在离诱饵不远的地方。

狼闻到肉的气味，就顺着木板往上爬。 当它爬到一定高度的时候，它的体重就会把木板掀翻。 它站不住脚，就会一个"倒栽葱"跌在圈里。

塞索伊奇猎熊事件

老猎人塞索伊奇穿着滑雪板在生满苔藓的沼泽地上滑着。这时正是 2 月末，沼泽地上积了很厚的雪，这都是从高处吹到这里来的。

在这片沼泽地的上面，是一片片丛林。 塞索伊奇的那条叫

左尔卡的极地猎犬跟在后面跑。忽然它朝一片丛林奔去，很快就消失在密林深处了。突然，传来了它的叫声，叫声是那么凶猛，那么狂暴。塞索伊奇马上就明白了：这条狗发现了熊。

小个子猎人身边，恰好带着一支来福枪，里面装着五发子弹。于是他赶紧朝着犬吠声的方向奔去。

地下有一大堆倒着的枯木，上面盖着积雪。左尔卡正朝着那堆东西咆哮。塞索伊奇挑了个合适的位置，把滑雪板从脚上摘下来，躲在一堆积雪后面，准备开枪。

过了不长时间，就从积雪下面探出一个黑乎乎的大脑门儿，两只小眼睛闪烁着暗绿色的光。用猎熊猎人的话来说：这是熊在向猎人打招呼。

塞索伊奇知道，熊在看了对手一眼之后，马上就会把头缩回去，然后突然往外蹿。因此，猎人在熊把头缩回去以前，就得赶紧开枪。

可遗憾的是时间太短，没有瞄准。后来才得知，这一枪仅仅把熊的脸颊擦伤了一点点。

那畜生跳出来，直扑塞索伊奇而来。

还好，塞索伊奇的第二枪打准了，把这个大家伙撂倒在地上。

左尔卡冲过去咬熊的尸体。

当那头熊扑过来的时候，塞索伊奇倒没顾得害怕。可是当危险过去之后，这个一向性格坚定的小个子猎人一下子就浑身瘫软了。他两眼发花，耳朵里嗡嗡直响。他深深地吸了一口冰冷的空气，想驱走内心那种沉重的恐惧感。现在，他才意识到刚才那一幕实在可怕。

任何一个人，哪怕是最勇敢的人，经历了与如此巨大而凶猛的野兽对面相持的危险，都会有这样的感觉。

突然，左尔卡从熊的尸体旁跳开，汪汪地叫着，又向那堆枯木扑了过去，这一次是朝着另外一个方向。

塞索伊奇一看，不由得愣住了：从那儿又探出了另外一只熊的大脑袋！

小个子猎人马上把心神镇定下来，这一次他瞄准的速度很快，这次可留神了。

这一枪打得正好，那畜生倒在了枯木旁。

但是，几乎与此同时，从第一只熊跳出的那个黑洞里，又露出了一个褐色的脑袋。 接着，又伸出了第四个。

塞索伊奇慌了神儿，是真的害怕了。 看来好像这片树林里的熊，全都聚集在这堆枯木下面，并且一齐向他扑来。 他没来得及瞄准就开枪了，紧接着又是第二枪。 然后把空枪扔在雪里。 在匆忙之中，他看清楚了，第一枪发出后，那个棕红色的熊脑袋就不见了。 可是不幸得很，这时左尔卡正奔到这里。 结果这一枪不偏不倚，正射中左尔卡。 狗误中了子弹，倒在雪里。

这时候，塞索伊奇的两腿发软，不由自主向前迈了三四步，一下子绊倒在被他打死的第一头熊的身上，就失去知觉了。

也不知道他这样躺了有多久。 总之，他惊醒时的情况是很可怕的：他觉得鼻子好像被什么东西夹住了。 他赶紧用手去捂自己的鼻子。 他的手却碰到一件活的东西，热乎乎，毛蓬蓬的。 他睁开眼，定睛一看，只见一对暗绿色的熊眼睛正盯着他望呢。

塞索伊奇惊恐地喊起来，喊声都变了调。 一个挣扎，才把鼻子从那张野兽嘴巴里挣脱出来。

他整个人都傻了，站起身来就跑，但刚迈了几步，就又立刻陷在雪里，雪齐到了他的腰部。

他回头看了看，这才明白，原来刚才叼他鼻子的是一头小熊。

过了好半天，塞索伊奇的惊魂才定下来，回忆起了这场猎熊的详细情节：他前两枪打死的是一头母熊，而后来从另外一个熊洞里钻出来的，是一头两岁大的小熊。

这种年轻的熊大都是熊小伙子，不是熊姑娘。 夏天，它帮助熊妈妈照料熊弟弟、熊妹妹；冬天，它就在离妈妈和弟弟妹妹不远的另外一个洞里冬眠。

在那一大堆给风刮倒的树下面，有两个熊洞。 其中一个属于那头两岁大的公熊，而另外一个则属于那头母熊和它那两个刚满周岁的幼仔。

张惶失措的猎人，竟然把熊儿子当成大熊了。

而另外两头刚满周岁的熊仔，体重只相当于一个 12 岁的孩子，可是，它们已经长得头大额宽，难怪猎人在惊慌中，把它们的头也当成大熊的头了。

当小个子猎人处于昏迷状态的时候，这个熊家族唯一保留下性命的熊娃娃，来到了熊妈妈的身边。 它在死熊的怀里拱了一会儿，失望地离开了。 后来却碰到了塞索伊奇热乎乎的鼻子，把塞索伊奇的这个还带着体温的"突起物"当成妈妈的奶头了，就衔住哑起来了。

塞索伊奇就地把左尔卡埋在林子里，把那只熊娃娃逮住，带回了家。

那头小熊很逗人，很可爱。 猎人失去爱犬也正感到孤单寂寞，从此，它就与小个子猎人相依为命了。

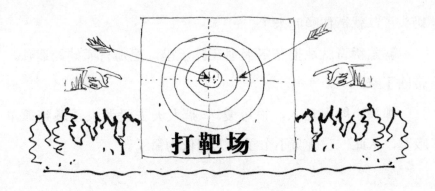

打靶场

第十二场竞赛

1. 哪种动物头朝下冬眠?

2. 刺猬怎样过冬?

3. 什么东西是灰鼠冬天不吃的?

4. 哪一种鸟一年四季都孵小鸟,甚至在冰天雪地中也不例外?

5. 冬天,当所有的昆虫都冬眠的时候,山雀对人类是有益还是有害?

6. 冬天,貛对人有益,还是有害?

7. 冬季,哪一种鸣禽会钻到冰层下面去,在水中觅食?

8. 做椋鸟巢的时候,为什么要在巢里面入口底下钉个小小的三角架子?

9. 哪些动物生有外骨骼?

10. 雏鸡在蛋壳里呼吸吗?

11. 冬天,如果我们把冬眠的青蛙从雪下扒出来放到炉火旁,会发生什么现象?

12. 麻雀的体温什么时候比较低——冬天还是春天?

13. 冬季,冰层下面的海豹怎样呼吸?

14. 什么地方的雪先开始融化——森林里的,还是菜园里的? 为什么?

15. 哪种鸟飞来的时候就意味着春天到来了?

16. 新砌的一道墙,墙上开个圆窗。白天打碎的玻璃,夜里就能装上。(谜语)

17. 夏季肚皮撑破,冬天饥寒交迫。(谜语)

18. 一件东西真奇怪,在屋外不冻冰,在屋里倒冻冰。(谜语)

19. 长长一匹绸,悠悠进窗口。顿时铺满地,光鲜又轻柔。(谜语)

20. 说山高,它比山还高;说光亮,它比光还要亮。(谜语)

21. 声音像鸟叫,不知何处来。既不在屋里,也不在屋外。(谜语)

22. 一件东西,没心没肺没头脑。野兽有心有肺却不如它灵巧;野兽有头脑,却不如它智慧高。(谜语)

23. 平时穿着皮袄,林中乱蹿乱跑。把它端上桌来,就是一盘佳肴。(谜语)

24. 春天让人愉快,夏天让人凉快,秋天让人吃个痛快,冬天让人暖和过来。(谜语)

最后一分钟收到急电

城里出现了第一批白嘴鸦,冬天结束了。森林里在迎新年。现在,请把《森林报》再从头读起。

打 靶 场 答 案

"神眼" 竞赛答案及
解 释

打 靶 场 答 案

请核对你的答案有没有射中目标

第十场竞赛

1. 从 12 月 22 日起。这是一年中白昼最短的一天。

2. 在猫科动物的足迹上看不见爪印,因为这种动物在行走时把爪缩进肉垫里面。

3. 水獭和水貂,因为这两种野兽吃鱼。

4. 不会生长,它们处于休眠状态。

5. 因为刚下过雪之后,雪上的脚印都是新的,随便你顺着哪一行脚印走去,都可以找到野兽。

6. 野乌鸡、沙鸡和松鸡。

7. 在田野里穿白衣裳——为的是跟雪的颜色一样;在森林里穿灰衣裳,因为在冬天也有绿叶的森林里,白色或其他颜色,都比灰颜色显眼。

8. 因为兔子在跑的时候,两条长长的后腿是一直向前伸着的。

9. 不做巢,不孵小鸟。

10. 野乌鸡。

11. 勾嘴鹬,因为它把嘴深深地插到泥土里去找食吃。

12. 土拨鼠,因为它能发出与麝的肚脐所发出的气味相同的强烈
    臭味,而狐狸等小型食肉动物的嗅觉非常灵敏,它们难以忍
    受这种气味。

13. 熊的脚印。

14. 猫头鹰或老鹞鹰等猛禽在捕捉兔子时,一只爪抓住它的脊
    背,另一只爪则紧紧攀住树枝或灌木丛。这时,吓得魂飞魄
    散的兔子呢,没命地往前跑,那时它的力气大得非凡,而鹞鹰
    的一只脚爪却死死地抓着枝条不放。甚至有时能把死死抓
    着树枝的老鹞鹰撕成两半。

15. 枪弹打穿了它的身子,因此脚印的两旁有两趟血迹。

16. 狂风暴雪。

17. 狼。

18. 风。

19. 严寒。

20. 严寒。

21. 冰。

22. 暴风雪。

23. 黑麦、燕麦、小麦。

24. 腌蘑菇。

第十一场竞赛

1. 冬天,熊钻进洞里冬眠时体态是胖的,因为熊在冬眠时不进食,就靠体内的脂肪来提供营养。

2. 身体小的,体积越大,身体内产生的热量也越大。身体表面积越大,发散到身体周围空气里去的热量也越大。而大野兽的体积,比起它身体的面积来大得多;它身体的面积,比起它的体积来小得多。因此,大野兽身体内生出的热量很大,而散发的热量却比较少。小野兽正相反。所以小野兽怕冷。

3. 狼不像猫科动物那样,埋伏着等待要猎取的东西,而是要靠它那四条快腿,追捕要猎取的东西。

4. 冬季树木处于休眠状态,不吸收水分,所以冬季砍伐的木柴比夏季砍伐的木柴要干。

5. 砍下的树木,只要数数它的木质纤维有多少圈,就可以知道它的年龄(这叫做"年轮",一年增长一圈年轮)。

6. 因为猫类是靠伏击来获取猎物的,这类动物爱清洁是为了身体上不发出异味。如果它们的猎物能从远处就嗅到它们身体上发出来的异味,猎物就不会进入它们的伏击圈了。

7. 因为冬天在人的住宅附近,它们比较容易找到食物。

8. 并非所有的白嘴鸦冬季都从我们这里飞走。有时我们在脏水坑旁,在丛林里或者在乌鸦聚居的地方能看到一只或几只白嘴鸦,因为它们往往与乌鸦混合在一起。

9. 什么东西也不吃。冬天它睡觉。

10. 被人从洞里赶出来不再冬眠的熊。

11. 冬天,蝙蝠睡在树洞里、岩洞里、顶楼和房盖下。

12. 只有雪兔冬天是白的,灰兔仍然是灰的。

13. 猛禽。

14. 交嘴鸟以针叶树的种子为食,所以它通体布满了树脂,树脂有防腐作用,能让它的尸体不腐烂。

15. 盖着雪的树墩儿。

16. 雪。

17. 冬天,小屋子一开门,就有一股冷气从外面冲进屋里,一团团地打转。

18. 熊、獾等冬眠的野兽。

19. 缝毡靴:用猪鬃引麻线,穿过牛皮做的靴底,缝上羊毛毡做的靴帮。

20. 猎人带着猎犬去猎熊。如果没有猎犬的帮忙,熊就会把猎人置于死地。

21. 胡萝卜、萝卜。

22. 白菜。

23. 洋白菜。

24. 大圆萝卜。

第十二场竞赛

1. 蝙蝠。

2. 刺猬在冬天是冬眠的。从秋天开始,它就钻进用干草和枯叶搭成的窝里去冬眠。

3. 不吃肉。(参看森林报第三期)

4. 交喙鸟。它们是用松树籽和杉树籽来喂养自己的幼雏。

5. 有益的。冬天里,山雀寻找那些躲在树皮裂缝和小洞里的昆虫和它们的卵和蛹来吃。可以吃掉不少。

6. 无益也无害,因为獾是冬眠的。

7. 河鸟。

8. 为防止猫把爪伸进椋鸟巢里去抓它们。

9. 许多种昆虫、虾蟹和其他节肢动物。它们的骨骼是一种质地很硬的东西，叫做"甲壳质"。

10. 会呼吸。它们是通过蛋壳上的气孔进行呼吸的。如果在蛋壳上涂了涂料或者胶水，外面的空气就无法进入蛋壳内，未出壳的雏鸡就会憋死在蛋壳里。

11. 由于温度的骤然改变，青蛙会死去。

12. 麻雀的体温冬季与夏季是相同的。

13. 海豹在水里不呼吸。它在冰面上给自己弄穿几个窟窿来透气。

14. 城市里的雪融化得比较早，因为城市里积雪不像森林里的积雪那样干净洁白。

15. 白嘴鸦飞来的时候。

16. 冰面上的洞。白天洞口融化，到夜晚，洞口就被冰封住了。

17. 狼。

18. 玻璃窗，因为玻璃窗只在里面结冰，外面是不结冰的。

19. 从窗口射进来的太阳光。

20. 太阳。

21. 敞开着的房门吱吱地响,就像巢里的夜莺在不安地歌唱。

22. 捕兽器。

23. 兔子。

24. 森林。

"神眼"称号竞赛答案及解释

第九次测验

图 1. 是喜鹊留在雪地上的脚印。它在雪地上跳跳蹦蹦,跳了一会儿,留下了趾印,雪地上那翅膀与尾巴的印迹,是它在起飞以前用翅膀和尾巴拍打雪地留下的。

图 2. 兔子的脚印。有雪兔的,有灰兔的。这两种脚印很容易辨别:雪兔的脚印是圆圆的,而灰兔的脚印则又窄又长。

图 3. 这是一只雪兔的足迹。这只雪兔刚刚在这里啃食过那一丛小柳枝,所以柳丛周围到处都能看到它那圆圆的足迹。

第十次测验

通过雪地上这些看起来杂乱无章的足迹,我们可以猜测出这里曾经发生过什么事:

在一个严寒的冬夜里,一只雪兔跳到一个干草垛旁,偷干草吃。看来它吃了很久。你看,干草垛周围留下了多少它那圆圆的脚印啊！

现在，你瞧，一只狐狸从右边偷偷地向它走过来了。它小心谨慎地往前走，而且走走藏藏，时隐时现。狐狸脚印很像狗脚印，只是窄一点，而且均均匀匀的，直溜溜一趟。

但是狐狸对雪兔的偷袭并没有成功，雪兔及时发现了它，于是马上逃之夭夭。雪兔的脚印说明它跳着、蹦着，穿过田野，向森林跑去了。

从脚印上看，狐狸也是蹦跳着奔跑的，想截住兔子，不让它逃进森林。

可是突然间，不知道为什么，狐狸向旁边拐了一个急弯，向旁边的灌木丛里跑去了。

而那只雪兔，眼看就要到达森林的边缘了，可是，跑到这里，它突然失踪了。它的脚印截止了，哪儿也看不见它的踪迹了，好像突然钻到地底下去了。

如果它真的钻到地底下去了，那么在雪地上应该留有一个洞。但是，在它的脚印截止的地方，积雪上只有个小洼子，小洼子里有一些兔子毛，有一摊血迹；而在两边，能看到由两个巨大的翅膀拍打雪地留下的划痕。

不难推测出，这是个儿很大的猛禽的痕迹。

这只猛禽用它那强有力的喙先把兔子击倒，然后再用它那锐利的爪子抓起它来，飞到森林里去了。

现在可以明白：为什么狐狸拐弯了，因为它眼看着自己所要猎取的东西,突然给猛禽抢走了。

　　亲爱的读者,如果你能凭借各种动物留在雪地上的这些痕迹,准确地判断出森林里所发生的这惊险刺激的一幕,我们《森林报》编辑部就赠送给你一个荣誉称号:"神眼侦探"。